世界顶级心理学定律，你知道几个？

蔡加尼克效应：

调动孩子渴求度，让孩子念念不忘

获得成功的

世界顶级心理学定律

圣铎 ☆ 编著

四川人民出版社

图书在版编目（CIP）数据

获得成功的世界顶级心理学定律 / 圣铎编著 . -- 成都 : 四川人民出版社 , 2020.5
ISBN 978-7-220-11628-5

Ⅰ . ①获… Ⅱ . ①圣… Ⅲ . ①心理学—通俗读物
Ⅳ . ① B84-49

中国版本图书馆 CIP 数据核字 (2019) 第 210184 号

HUODE CHENGGONG DE SHIJIE DINGJI XINLIXUE DINGLÜ

获得成功的世界顶级心理学定律

圣铎　编著

出 版 人	黄立新
策划组稿	张明辉
责任编辑	张东升
营销策划	张明辉
插画绘制	金版文化
封面设计	简明波
责任校对	吴　玥
责任印刷	许　茜
出版发行	四川人民出版社（成都槐树街2号）
网　　址	http：//www.scpph.com
E-mail	sarmcbs@sina.com
新浪微博	@四川人民出版社
微信公众号	四川人民出版社
发行部业务电话	（028）86259624　86259453
防盗版举报电话	（028）86259624
印　　刷	深圳市雅佳图印刷有限公司
成品尺寸	135mm × 180mm
印　　张	14
字　　数	300千
版　　次	2020年5月第1版
印　　次	2020年5月第1次印刷
书　　号	ISBN 978-7-220-11628-5
定　　价	48.00元

前言

Preface

心理学是哲学的一个分支，在不断的发展中逐渐形成了一门独立的学科。它是一门探索社会奥秘、洞察他人内心世界和情感的学科。随着研究的不断深入，心理学越来越广泛地影响着人类的社会生活。在我们日常的生活、工作中，如果能够熟练地掌握并应用心理学知识，那么人际关系就会更加和谐，解决困难也会变得轻而易举。

许多人以为成功是由偶然和运气造成的，其实不然，它是由真理和定律决定的。人类的进步在很大程度上正是由于运用那些普遍存在的真理和定律而取得的，这些定律被称为“成功背后的经典”。社会中的那些具有普遍意义的定律，使我们的生活成功而有意义。它们旨在告诉人们如何做人，如何面对生活，如何改变自己的命运，如何走向成功的人生。只有自觉地去发掘并掌握这些定律，才能读懂成功和平庸之间的区别，找到从平凡到成功的最为可行、最可靠的途径，从而跃过障碍、绕过陷阱，而一步步收获人生、成就大业！而在这些定律中，最不可忽视的莫过于心理学定律。

人们总是说这个世界是纷繁复杂的，但是心理学家却说这个社会是有规律可循的；人们总是说人心叵测，但是心理学家用事实证明人心是可以揣摩的。心理学家经过深入的研究，总结出许许多多适用于生活、工作、交往的心理学法则。也许你会问：“为什么周围的人都那么优秀，而我却如此平庸？”很简单，因为你不知道什么是马蝇效应。没有马蝇叮咬，马就会慢慢腾腾，走走停停；如果有马蝇叮咬，马就不敢怠慢，跑得飞快。人也是一样，适当给自己一些激励和刺激，才不会松懈，才能不断进步。也许你会问：“刚入职场，我便全心全意付出，努力工作，为什么得不到领导的器重？”很简单，因为你不知道什么是蘑菇定律。对于职场新人来说，一般都会像蘑菇一样被置于阴暗的角落、不受重视的部门，或做些打杂跑腿的工作，这是许多组织对初出茅庐者的一种管理方式。如果你懂得平和面对，不过早地暴露自己的锋芒，做“蘑菇”该做的事，你很快就可以突破这种境遇。也许你会问：“我和竞争对手卖同样的商品，我的价位低很多，为什么顾客偏偏去买对手的商品？”很简单，因为你不知道什么是凡勃伦效应。一件商品的价格定得越高，就越能受到消费者的注意与青睐。其实，消费者购买这类商品的目的，并不仅仅是为了获得直接的物质满足和享受，更大程度上是为了获得心理上的满足……

关于我们的心理世界，有很多神奇的定律，揭示了心理运行的一般规律。这些定律渗透于日常生活中的每个角落，与人们的生活、学习、工作都有着非常密切的关系。生活中，每个人的行为都受到自己心理的支配。不同的人有不同的心理，心理决定着一个人的想法，也决定着一个人的行为。掌握心理学定律，能让你更清楚地认识自我，更充分地发掘自我潜能，从而更快速地走向成功。恰当地运用心理学定律，可以让你在人际交往中无往不利，拥有并自由调控海量人脉资源，让贵人自觉自愿甚至主动地为你排忧解难、创造良机。利用心理学定律，可以迅速知晓对方想听的和不想听的、想要的和不想要的、喜欢的和不喜欢的，以及对方担心的和顾虑的，从而透过显而易见的表象，分析其背后隐藏的真实心理，掌控人际交往的主动权，成为人际博弈的大赢家。

本书从心理学角度着手，精选了97个神奇而经典的定律，包括墨菲定律、木桶定律、蘑菇定律、洛克定律、奥卡姆剃刀定律、破窗效应等。其中的每个定律都是千百年来世界优秀心理学家思想和智慧的结晶，是经过千锤百炼、被实践反复验证的绝妙真理，也是我们必备的生存利器和成功法则。它们像一扇扇人类智慧的窗户，帮助我们看清复杂世界背后的真相，更深刻地认识人性和社会的本质，洞悉成功人生的方略，然后顺势而为，收到事半功倍之效；它们像人生道路上的一盏盏明灯，指引我们在黑暗中顺利前进，无须再遭受不必要的挫折和走不必要的弯路。总之，你会为拿到这本书而庆幸不已，它曾经改变过无数人的命运，如今，也将让你告别昨日乏味的生活，让你真正成为自己命运的主宰者。

目录

Contents

定律01

墨菲定律：

与错误共生，迎接成功

定律阐释

墨菲定律，指如果坏事情有可能发生，不管这种可能性多么小，它总会发生，并造成最大可能的损失。它告诉我们，错误是世界的一部分，人类不得不接受与错误共生的命运。

不存侥幸心理，从失败中汲取教训

众所周知，人类即使再聪明也不可能把所有事情都做到完美无缺。正如所有的程序员都不敢保证自己在写程序时不会出现错误一样，容易犯错误是人类与生俱来的弱点。这也是墨菲定律一个很重要的体现。

想取得成功，我们不能存有侥幸心理，想方设法回避错误，而是要正视错误，从错误中汲取经验教训，让错误成为我们成功的垫脚石。关于这一点，丹麦物理学家雅各布·博尔就是最好的证明。

一次，雅各布·博尔不小心打碎了一个花瓶，但他没有像一般人那样一味地悲伤叹惋，而是俯身精心地收集起了满地的碎片。他把这些碎片按大小分类称出重量，结果发现：10～100克的最少，1～10克的稍多，0.1克和0.1克以下的最多；同时，这些碎片的重量之间表现为统一的倍数关系，即较大块的重量是次大块重量的16倍，次大块的重量是小块重量的16倍，小块的重量是小碎片重量的16倍……

于是他开始利用这个“碎花瓶理论”来恢复文物、陨石等不知其原貌的物体，给考古学和天体研究带来意想不到的效果。

事实上，我们主要是从尝试和失败中学习，而不是从成功中学习。

现实生活中，每当出现错误时，我们通常的反应都是：“真是的，又错了，真是倒霉啊！”这就是因为我们以为自己可以逃避倒霉、失败等，总是心存侥幸。殊不知，错误的潜在价值对创造性思考具有很大的作用。

人类社会的发明史上，就有许多利用错误假设和失败观念来产生新创意的人。哥伦布以为他发现了一条到印度的捷径，结果却发现了新大陆；开普勒发现了行星间引力的概念，却是偶然间由错误的理由得到的；爱迪生也是知道了上万种不能做灯丝的材料后，才找到了钨丝……

所以，想迎接成功，就先放下侥幸心理，加强你的“冒险”力量。遇到失败，从中汲取经验，尝试寻找新的思路、新的方法。

从哪里跌倒，**就从哪里爬起来**

英国小说家、剧作家柯鲁德·史密斯曾说过：“对于我们来说，最大的荣幸就是每个人都失败过。而且每当我们跌倒时都能爬起来。”成功者之所以成功，只不过是他不被失败左右而已。

1927 年，美国阿肯色州的密西西比河大堤被洪水冲垮，一个 9 岁的黑人小男孩的家被冲毁，在洪水即将吞噬他的一刹那，母亲用力把他拉上了堤坡。

1932 年，男孩 8 年级毕业了，因为阿肯色的中学不招收黑人，他只能到芝加哥就读，但家里没有那么多钱。那时，母亲做出了一个惊人的决定——让男孩复读一年，她给 50 名工人洗衣、熨衣和做饭，为孩子攒钱上学。

1933 年夏天，家里凑足了那笔费用，母亲带着男孩踏上火车，奔向陌生的芝加哥。在芝加哥，母亲靠当佣人谋生。男孩

以优异的成绩读完中学，后来又顺利地读完大学。

1942 年，他开始创办一份杂志，但最后一道障碍是缺少 500 美元的邮费，不能给订户发函。一家信贷公司愿借贷，但有个条件，得有一笔财产做抵押。母亲曾分期付款好长时间买了一批新家具，这是她一生最心爱的东西，但她最后还是同意将家具作为抵押。

1943 年，那份杂志获得巨大成功。男孩终于能做自己梦想多年的事了：将母亲列入他的工资花名册，并告诉她，她算是退休工人，再不用工作了。母亲哭了，那个男孩也哭了。

后来，在一段反常的日子里，男孩经营的一切仿佛都坠入谷底，面对巨大的困难和障碍，男孩感到已无力回天。他心情忧郁地告诉母亲："妈妈，看来这次我真要失败了。"

"儿子，"她说，"你努力试过了吗？"

"试过。"

"非常努力吗？"

"是的。"

"很好。"母亲果断地结束了谈话，"无论何时，只要你努力尝试，就不会失败。"

果然，男孩渡过了难关，攀上了事业新的巅峰。这个男孩就是驰名世界的美国《黑人文摘》杂志创始人、约翰森出版公司总裁、拥有 3 家无线电台的约翰·H. 约翰森。

事实上，得失本来就不是永恒的，而是可以相互转化的矛盾共同体。那么，期待成功的你，不要再被一时的失败左右了，在哪里跌倒，就在哪里爬起来吧！

定律02

木桶定律：

抓最长的，
不如抓最短的

定律阐释

木桶定律，指一只木桶盛水的多少，并不取决于桶壁上最长的那块木板，而恰恰取决于桶壁上最短的那块木板。

克服人性**短板**，避开成事**暗礁**

一位老国王给他的两个儿子一些长短不同的木板，让他们各做一个木桶，并承诺：谁做的木桶装下的水多，谁就可以继承王位。大儿子为把自己的木桶做大，每块挡板都削得很长，可做到最后一条挡板时没有木材了；小儿子则平均地使用了木板，做了一个并不是很高的木桶。结果，小儿子的木桶装的水更多，最终继承了王位。

与此类似，遇到问题时，我们若能先解决导致问题的短板，便可大大缩短解决问题的时间。

俗话说“人无完人”，确实，人性是存在许多弱点的，如恶习、自卑、犯错、忧虑、嫉妒等。根据木桶定律，这些短处往往是限制我们能力的关键。就像木桶一样，一个木桶能装多少水，并不是用最长的木板来衡量，而是要靠最短的木板来衡量，木桶装水的容量受到最短木板的限制，所以，要想让木桶装更多的水，我们必须加长自己最短的木板。

1. 恶习

我们时时刻刻都在无意识地培养着习惯，这令我们在很多情况下都要臣服于习惯。然而，好的习惯可为我们效力，而不好的习惯，尤其是恶习（如拖沓、酗酒等），会在做事时严重拖我们的后腿。所以，我们要学会对自己的习惯分类，对不好的习惯进行改正、完善，以免将成功毁在自己的恶习之中。

2. 自卑

自卑可以说是一种性格上的缺陷，表现为对自己的能力、品质评价过低。它往往会抹杀我们的自信心，本来有足够的能力去完成学业或工作任务，却因怀疑自己而失败，显得处处不如别人。所以，做事情要相信自己的能力，要告诉自己“我能行”“我是最棒的”，才能把事情办好，走向成功。

3. 犯错

人们通常不把犯错误看成是一种缺陷，甚至把“失败是成功之母”当成自己的至理名言。殊不知，有两种情况下犯错误就是一种缺陷：一种是不断地在同一个问题上犯错误，另一种是犯错误的频率比别人高。这些错误，或许是因态度问题，或许是因做事不够细心、没有责任心导致的，但无论哪种，都是成功的绊脚石。因此，平时要学会控制自己，改掉马虎大意等不良习惯；犯错后不要找托辞和借口，懂得正视错误，并加以改正。

4. 忧虑

有位作家曾写道："给人们造成精神压力的，并不是今天的现实，而是对昨天所发生的事情的悔恨，以及对明天将要发生的事情的忧虑。"忧虑不仅会影响我们的心情，而且会给我们的工作和学习带来更大的压力。更重要的是，无休止的忧虑并不能解决问题。所以，我们要学会控制自己的情绪，客观地去看问题，在现实中磨炼自己的性格。

5. 妒忌

妒忌是人类最普遍、最根深蒂固的感情之一。它的存在，总是令我们不能理智地、积极地做事，于是常导致事倍功半，甚至劳而无功的结果。因此，无论在生活中，还是在工作中，我们都应平和、宽容地对待他人，客观地看待自己。

6. 虚荣

每一个人都有一点虚荣心，但是过强的虚荣心，使人很容易被赞美之词迷惑，甚至不能自持，很容易被对手打败。所以，我们要控制虚荣，摆脱虚荣，正确地认识自己。

7. 贪婪

由于太看重眼前的利益，该放弃时不能放弃，结果铸成大错，甚至悔恨终生。众所周知，很多人因太贪钱财等身外之物而毁了大好前程，有时明知是圈套，却因为抵挡不住诱惑而落入陷阱。

许多人之所以失败，往往是因为他们没有注意到自己成功路上的那块短板。所以，我们要想做好事情，应先学会做人，找到自己成功路上的短板，取长补短，从而摆脱弱点对我们的控制。

找到"**阿喀琉斯之踵**"，让问题迎刃而解

在希腊神话中，有这样一个意义深刻的故事：

阿喀琉斯是希腊神话中最伟大的英雄之一。他的母亲是一位女神，在他降生之初，女神为了使他长生不死，将他浸入冥河洗礼。阿喀琉斯从此刀枪不入，百毒不侵，只有一点除外——他的脚踵被提在女神手里，未能浸入冥河，于是脚踵就成了这位英雄的唯一弱点。在漫长的特洛伊战争中，阿喀琉斯一直是希腊人最勇敢的将领。他所向披靡，任何敌人见了他都会望风而逃。

但是，在十年战争快结束时，敌方的将领帕里斯在众神的示意下，抓住了阿喀琉斯的弱点，一箭射中他的脚踵。阿喀琉斯最终不治而亡。

与"阿喀琉斯之踵"类似，任何事情或组织都有它的最薄弱之处，而问题又往往由此产生。那么，如果我们把这个最薄弱处解决了，问题往往就迎刃而解。

木桶定律让我们明白，遇到问题，不要蛮干，要找到导致问题的短板，科学地予以解决，从而达到事半功倍的效果。

定律03

蘑菇定律：

新人，想成蝶先破茧

定律阐释

蘑菇定律，指初入职者一般会像蘑菇一样被置于阴暗的角落（如被安排在不受重视的部门，或做打杂跑腿的工作），头上浇着“大粪”（受到无端的批评、指责，代人受过），只能自生自灭（得不到必要的指导和提携）。这是许多组织对初出茅庐者的一种管理心态。

职场起步，**切勿过早锋芒毕露**

众所周知，蘑菇长在阴暗的角落，得不到阳光，也没有肥料，自生自灭，只有长到足够高的时候才开始被人关注。

这种经历，对于成长中的职场年轻人来说，就像蛹，是化蝶前必须经历的一步。只有承受住这些磨难，才能成为展翅的蝴蝶。初涉职场的新人，不仅要承受住“蘑菇”阶段的历练，还要注意不能过早地锋芒毕露。

有一位图书情报专业毕业的硕士研究生来到上海的一家研究所，从事标准化文献的分类编目工作。

他认为自己是学这个专业的，比其他人懂得多，而且刚上班时领导也以“请提意见”的态度对他。于是工作伊始，他便提出了不少意见，上至单位领导的工作作风与方法，下至单位的工作程序、机制与发展规划，都一一列举了现存的问题与弊端，提出了周详的改进意见。对此领导表面点头称是，其他人也不反驳，可结果呢？不但现状没有一点儿改变，他反倒成了一个处处惹人嫌的主儿，还被单位掌握实权的某个领导视为狂妄、骄傲，一年多竟没有安排他做什么具体活儿。

后来，一位同情他的老太太悄悄对他说：“小王啊，你还是换个单位吧，在这儿你把所有的人都得罪了，别想有出息。”

于是，这位研究生闭上了嘴。一段时间后，他发觉所有的人都在有意无意地为难他，连正常的工作都没有人支持他，他只好“炒领导的鱿鱼”。临走时，领导还拍着他的肩头说：“太可惜了！我真不想让你走，我还准备培养你当我的接班人哩！”

那位研究生一边玩味着“太可惜”三个字，一边苦笑着离去。

在现实社会中，职场有职场的游戏规则，你如果想在职场有所作为，就要先适应这里的游戏规则，实力壮大、羽翼丰满之后，再通过你的能力来制定新的游戏规则，否则，你一定会被碰得头破血流，留下“壮志未酬身先死”的怨叹。

中国有一个成语叫大智若愚，行走职场，必要的时候，你一定要学会做一个“愚人”来保全自己，这往往能让你以不变应万变。

做好“蘑菇”该做的事，以**智慧突破**“蘑菇”境遇

曾有人说过这样一番话：“一个人既然已经经历‘蘑菇’的痛苦，哭也好，骂也好，对克服困难毫无帮助，只能是挺住，你没有资格去悲观。因为，此时假如你自己不帮助自己，还有谁能帮助你呢？”

这句话说明了一个很重要的道理：正因身处“蘑菇”境遇，你就得比别人更加积极。谁都知道，想做一个好“蘑菇”很难，但那又能怎样呢？如果只是一味地强调自己是“灵芝”，起不了多大作用，结果往往是“灵芝”未当成，连“蘑菇”也没资格做了。

所以，你想要突破“蘑菇”的境遇，使自己从“蘑菇堆”里脱颖而出，在最开始就要做好“蘑菇”该做的事，以智慧突破“蘑菇”境遇。

你要学会从工作中获得乐趣，而不仅仅是按照命令被动地工作。确立自

己的人生观，根据你自己的做事原则，恰如其分地把精力投入工作中。要想让企业成为一个对你来说有乐趣的地方，只有靠你自己努力去创造。

身为新人，工作中你要注意礼貌问题。也许你觉得这样是在走形式，但正因为它已经形式化了，所以你更需要做到，从而建立良好的人际关系。记得有这样一句话：礼貌这东西就像旅途使用的充气垫子，虽然里面什么也没有，却令人感觉舒适。记住：有礼貌不一定是智慧的标志，可是不礼貌会被人认为愚蠢。

常言道，少说话多做事，这对新人更是适用。每一个刚开始工作的年轻人都要从最简单的工作做起。如果你在开始的工作中就满腹牢骚、怨气冲天，那么你就会对工作草率行事，从而有可能导致错误的发生；或者本可以做得更好，却没有做到，这会使你在以后的职务分配中很难得到你本可以争取到的地位。

还有，毕业后一旦走向社会，会发现梦想与现实总是存在很大的差距。当你到了一个并不满意的公司，或者在某个不理想的岗位，做着也许很没劲甚至很无聊的工作时，肯定会产生前途茫然的感觉，如果收入又不理想，你肯定会郁闷万分，此时实际上就是蘑菇定律在考验你的适应能力。达尔文的话是最好的忠告：要想改变环境，必须先适应环境，别等环境来适应你。

时刻记住，人可以通过工作来学习，可以通过工作来获取经验、知识和信心。你对工作投入的热情越多、决心越大，工作效率就越高。当你抱有这样的热情时，上班就不再是一件苦差事，会变成一种乐趣，会有许多人聘请你做你喜欢做的事。

定律04

彼得原理：

晋级升迁，不是爬不完的梯子

定律阐释

管理学家劳伦斯·彼得指出：每个员工由于在原有职位上工作表现好（胜任），就将被提升到更高一级职位；其后，如果继续胜任则将进一步被提升，直至到达他所不能胜任的职位。即“每一个职位最终都将被一个不能胜任其工作的员工所占据”。

员工在合适的位置才能**发挥优势**

现实的管理中，我们总能发现这样的现象：一旦员工在低一级职位上干得很好，组织就会将其提升到较高一级的职位上来，一直到将员工提升到一个他所不能胜任的职位上之后，组织才会停止对他的晋升。结果本来可以在低一级职位施展才华的人，却不得不处在一个自己所不能胜任但是级别较高的职位上，并且要在这个职位上一直耗到退休。这种状况就是彼得原理的典型体现，这对于员工和组织双方来说，都没有好处。

晋升，作为一种鼓励、奖励的手段非常普遍。然而，一些无意或“无能”的人，由于在工作中做出了成绩被提到了高位，所面对的却可能是他们不能胜任的工作，就像爬上了一个架错墙的梯子顶端，个中滋味只有当事人知道。

提拔，许多领导者都认为是天经地义的，是对员工工作表现的一种肯定。因为大多数公司一直把工资、奖金、头衔跟员工的表现和职业层级挂钩，所处的层级越高，工资就越高，额外津贴越丰厚，头衔也越大。虽然这种出发点是好的，但结果却把每个员工都引领到十分尴尬的境地。

对于一个员工来说，他的表现是否优秀，往往是相对于他的职位而言。过高的晋升，只会让他从优秀走向不优秀，甚至是艰难。

明智的领导者，一定要懂得把下属安排到一个合适的位置，安排到一个能让他们发挥出优秀水平的位置，而不是通过一味地提拔奖励，让他们最终迷失在无尽的晋升阶梯中。

改革机制，避开彼得原理的陷阱

彼得原理告诉我们，在任何层级组织里，每一个人都将晋升到他不能胜任的层级。换句话说，一个人，无论你有多大的聪明才智，也无论你如何努力进取，总会有一个你干不了的位置在等着你，并且你一定会达到那个位置。

例如，一个优秀的主治医生被提升为行政主任后无所作为，一位熟练的高级技工被提升为经理人员后束手无策……

这些彼得原理陷阱，主要是由企业不恰当的激励机制和人员晋升机制所产生的。那么，我们应该如何去避开这些陷阱呢？这就要求企业必须改革员工的晋升机制和激励机制。

1. 建立相互独立的行政岗位和技术职务岗位升迁机制

对于企业的行政人员和专业技术人员，可以按照所属岗位性质的不同，建立相应的相互独立的行政岗位和技术岗位的职务晋升机制，且相应的技术职务岗位对应相应的行政职务岗位，享有相应的薪酬和福利，等等。但是，行政职务岗位不能与相应的技术职务岗位互换。

实行双轨制，让企业的行政管理人员和技术人员分别走不同的职务晋升路线。这样，既可以满足对业绩突出人员的精神激励的要求，让不同类的员工各得其所，又能够提高企业的管理水平和技术实力。

2. 加强对各类岗位的工作岗位研究

建立相互独立的行政和技术职务岗位晋升机制只能防止行政人员和技术人员由于错位晋升而陷入彼得原理陷阱，而要防止同类岗位内部出现彼得原理陷阱，还必须对不同级别的各个岗位进行工作岗位研究，明确各个岗位的责任，细化各个岗位对诸如管理能力、业务水平、学历等具体的不同能力的要求，并按不同能力所占的权重予以排队。简言之，就是按岗设人。

3. 建立岗位培训机制

在现代化的社会，技术、管理发展日新月异，新的技术、管理知识每天都在不断更新，即使昨天你是个合格的技术人员、合格的管理者，如果不加强学习的话，今天你就有可能落伍。

4. 实行宽带薪酬体系

所谓宽带薪酬，就是在拉大同等级的员工的薪酬差异的同时，缩小不同等级员工之间的薪酬差异，实行薪酬扁平化，以及按劳取酬、按效益取酬制度，改变以前企业的那种按职称、按工作岗位拿工资的现状。

设立宽带薪酬体系的好处是显而易见的，它可以激励各个层次的员工全身心地投入到自己的本职工作中去，实现“在其位，谋其政”，要不然的话，可能自己月底的收入就会很可怜。

通过这一方式，可以在各个层次的工作岗位中留住有事业心的合格的人才。

定律05

权威效应：

人微则言轻，人贵则言重

定律阐释

权威效应，指如果一个人地位高、有威信、受人尊敬，那么他所说的话、所做的事就容易引起别人的重视，并容易使人相信其正确性。也就是说，人们对权威的信任要远远超过对常人的信任。

掀开机长综合征的心理学面纱

在航空工业界，有一个现象叫机长综合征。说的是在很多事故中，机长所犯的错误十分明显，但飞行员们均没有针对这个错误采取任何行动，最终导致飞行事故。下面这个故事，就是“机长综合征”的一个典型。

一次，著名空军将领乌托尔·恩特要执行一次飞行任务，但他的副驾驶员在飞机起飞前生病了，于是总部临时给他派了一名副驾驶员做替补。能和这位传奇的将军同飞，这名替补觉得非常荣幸。在起飞过程中，恩特哼起歌来，并把头一点一点地随着歌曲的节奏打拍子。这个副驾驶员以为恩特是要他把飞机升起来，虽然当时飞机还远远没有达到可以起飞的速度，但他还是把操纵杆推了上去。结果飞机的腹部撞到了地上，螺旋桨的一个叶片飞入了恩特的背部，导致其终生截瘫。

事后有人问这位副驾驶员："既然你知道飞机还不能起飞，为什么要把操纵杆推起来？"他的回答是："我以为将军要我这么做。"

从心理学角度讲，这个故事反映了社会中普遍存在的一种心理现象——权威效应。也就是说，尽管我们每个人都对身边的人或者对社会有一定的影响力，但影响力的大小有所不同。一般来说，权威人士容易对其他人产生更大的影响。

例如，某天你眼部不适，到医院就诊，如果其他条件相同，有一位眼科专家和一位刚从医学院毕业的年轻大夫供你选择，相信你一定会选择专家。

权威对我们的影响力要超出常人，崇尚权威、迷信权威成了社会大众的一个普遍特征。社会中大多数处于中下层地位的人，学识有限，心理脆弱，对超出自身生活经验的问题不甚了解，不辨真伪，因而盲目相信所谓权威的意见。他们甚至不在乎"说什么"，只在乎说者本身的权威地位。古往今来的君主枭雄、教主领袖，乃至市井中有号召力之人，他们的号召力往往正是来源于对大众心理的这种控制。

在现实生活中，无论是做人，还是做事，我们都要擦亮双眼，理智思考，不要让权威成为遮盖事实真相的心理面纱。

自信是突破负面权威效应的利器

不可否认，权威效应有它积极的一面，在日常生活中，积极、上进的权威效应是值得提倡的。

例如，树立权威人士做群众的好榜样，有助于形成良好的社会风尚；请权威人士担任形象大使，负责环保、节能、关爱生命、急救知识等有意义的公益宣传，将会在大众心中留下更深刻的印象，从而起到更好的促进作用。

然而，权威效应也有其消极的一面。例如，某些虚假、有误导性的广告由于聘请了一些权威人士进行代言，造成诸多消费者受骗上当。特别是那些医药用品与医疗服务方面的广告，造成的危害及恶劣影响更大。要知道，从心理学层面讲，对于大众而言，权威人士代言广告的性质属于“证言广告”，大家虽然没有切身去体验，但因为对代言者的推崇和信任，往往会对产品热心追捧，甚至

深信不疑。这也是为何人们再三强调，权威人士或名人在代言广告方面，要强化责任感和守法意识。

作为普通人，我们应该明白，其实权威也是凡人，他们或多或少都会受到时代和自身条件的局限。如果我们不能认识到这一点，而总是跪倒在权威面前，那么我们就永远不会进步。

我们具体应该如何破除权威效应的消极圈套呢？

洛德·卢瑟福是英国著名核物理学家，因对元素裂变的研究获得了1908年诺贝尔化学奖。他曾断言："由分裂原子而产生能量，是一种无意义的事情。任何企图从原子蜕变中获取能源的人，都是在空谈妄想。"但数年后，用于发电的原子能就问世了，目前原子能已经成为主要的发电新能源。在法国，原子能的利用率甚至已占各种能源的40%。

在科学大发现的时代——19世纪，当牛顿发现万有引力定律，伦琴发现X射线之后，有科学家曾断言：科学的路已走到尽头了，以后的科学家的任务就是尽量使实验做得更精确一些。但不久，爱因斯坦就发现了相对论，为科学界打开了新视野。

定律06

情绪定律：

情绪影响一切

定律阐释

情绪定律，指人百分之百是情绪化的，任何时候的决定都是情绪化的决定。即使有人说某人很理性，其实当这个人很“理性”地思考问题的时候，也受到他当时情绪状态的影响，“理性地思考”本身也是一种情绪状态。

情绪的惊人力量

你一定有过这样的经历：兴高采烈的时候，看什么都顺眼，做什么都顺手；情绪一落千丈的时候，觉得自己做什么事都不顺心，什么都做得不好。其实，这就是情绪的强大影响力。

事实上，情绪的好坏与我们自己的心态及想法密不可分，这就是心理学中的情绪定律。一件事，在别人眼中看着是悲哀的，在你眼中也许却是喜乐的，关键是自己怎么想。

人类拥有数百种情绪，它们或泾渭分明，如爱恨对立；或相互渗透，如悲愤、悲痛中有愤恨或愤怒夹杂；或大同小异的情绪彼此混杂，十分微妙。在这些纷繁复杂的情绪面前，语言确实有些苍白无力。不过，只要我们了解这些情绪，在日常生活中，就可以学着理性地去控制情绪。

不做情绪的奴隶，**命运掌握在自己手中**

漫漫人生路上，要么我们驾驭命运，要么命运驾驭我们，而决定谁是坐骑、谁是骑手的，就是我们的情绪。它就像一把双刃剑，消极不良的情绪可以像敌人一样袭击我们，积极健康的情绪可以像朋友一样帮助我们。

其实，如果能够从根本上改变对一件事的看法，我们的情绪也就会受到很大的影响。

许多时候，我们对于同一现实或情境，从一个角度去看，可能引起消极的情绪体验，陷入心理困境；而从另一角度看，就可能发现积极意义，从而使消极情绪转化为积极情绪。

要知道，使自己快乐的钥匙不是掌握在别人手中，而是掌握在自己手中。我们郁闷也好，快乐也好，其实都不是由外界原因造成的，而是由我们自己的情绪造成的。所以，我们要做情绪的主人，而不能被情绪左右。

保持积极情绪的方法有很多种，包括宽容别人、保持积极乐观的心态、接纳自己的情绪变化、及时调整自己的不良心态、掌握有效的自我调节的方法等。当遭遇困难或身陷逆境时，想想“失败乃成功之母”，振作精神，那么，可能下一步就会走向成功。

定律07

皮尔斯定理：

意识到无知，是知道的开始

定律阐释

意识到自己的无知，才能进步。美国贝尔电话电报公司实验室著名科学家、“卫星通讯之父”约翰·皮尔斯说过：“意识到无知才使我们充满活力。”做人贵有自知之明，能看到自己的不足，才能弥补这一不足。

最大的智慧是**看到自己的无知**

在古希腊雅典的一个神庙里，有一道神谕说世界上最聪明的人是苏格拉底。而苏格拉底却说：“我唯一知道的事，就是我什么也不知道。”之所以说苏格拉底是世界上最聪明的人，是因为他意识到了自己的无知。天下最大的智慧就是能意识到自己的无知。

这个世界上从不缺少妄自尊大的人，却缺少那些真正意识

到自己无知的人。越是有智慧的人，越能看到自己的无知；一个自以为无所不知的人，却往往是个真正一无所知的人。

我国古代大思想家孔子曾说："三人行，必有我师焉。"想想看，孔子本身就是一位老师，是一位智者，但他却并不认为自己无所不知，反而谦虚地认为自己还有很多不知道的东西，遇到的人中肯定会有人能做自己的老师。不仅如此，孔子还说要"不耻下问"，意识到自己的无知是进步的起点，要真正取得进步就要靠不耻下问来填补自己的无知。大家都知道孔子一生收了不少徒弟，却不知他也拜了不少老师，只要他有不懂的问题就立刻向别人请教。

美国历史上颇有作为的总统——林肯也是如此。林肯的父亲是一个目不识丁的木匠，母亲是一位平庸的家庭主妇，而林肯却有着超凡的文笔、极强的处理事务和管理的能力。更让人吃惊的是，他一生中进学校的时间还不满一年。那他是如何获得那些学识和能力的呢？原来，林肯从小就能看到自己的无知，无论是农夫、商人、律师，还是学者，他都能从其身上学到很多知识和道理。他说："每个人都可能做我的教师。"正是这种态度，让他不断积累知识，让他不断增强能力，最终成为美国总统。

为人应谦虚。真正的谦虚，是在对自我进行清晰剖析后，意识到自己的无知而流露出来的真实态度，而不是表面上做做样子。只有真正谦虚的人，才会得到别人真诚的建议，促进自己改正不足。

学海无涯，没有人是无所不知的。意识到自己的无知，并没有什么好丢脸的，反而是促进自己弥补无知的前提。无论你的人生追求是什么，雄心壮志是什么，在达成这些之前，首先要把自己做好。换句话说，只有先把自己做好，才能达成你的人生追求、雄心壮志。

古语云："修身、齐家、治国、平天下。"把修身放在最前面，就是因为修身是以下几项的前提和根本。只有先修好身，才可达到齐家、治国、平天下的目标。修身修什么？首要的就是意识到自己的不足，然后不断地去完善自己；意识到自己的无知，然后不断地去填补空白。如何修？就是要不断地自省。只有不断地进行自我反省，才能意识到自己的无知与不足。"慎独"讲的也是这个道理。

人常说，活到老，学到老，学无止境。不要让自大阻挡你前进的步伐。又有言曰："大智若愚。"那些真正有大智慧的人，从不自以为是，而是处处都以"无知"的面目示人，能意识到自己的无知，谦虚待人，不耻下问。

人贵有自知之明

老子云："知人者智，自知者明。"《孙子兵法》中有："知彼知己，百战不殆。"说的都是一个道理：人要懂得看清自己，人贵有自知之明。那些有所作为的人，大多是有自知之明的人。如果你不想虚度自己的人生，就先从看清自己做起吧。

其实，人无论在何时，处于何等的高位，都要做到有自知之明。应该说，越是处于高位，越要有自知之明，不要被别人的恭维蒙蔽了神志。

定律08

晕轮效应：不要像看日晕一样看世界

定律阐释

晕轮效应，又称光环效应，由美国心理学家凯利提出，是指人们看问题时，像日晕一样，由一个中心点逐步向外扩散成越来越大的圆圈，是一种在突出这一晕轮或光环的影响下而产生的以点带面、以偏概全的社会心理效应。

为什么我们会**爱屋及乌**

中国有句古话叫爱屋及乌，意思是如果爱一个人，连他屋上的乌鸦都会喜爱。要知道，依我国传统文化，乌鸦是不祥之鸟，那么为什么还会有爱屋及乌的现象呢？

其实，这就是晕轮效应的典型表现。无论是人际交往，还是认识事物时，人们常从对方所具有的某个特性而泛化到其他有关的一系列特性上，从局部信息形成一个完整的印象，即根据最少量的情况对别人或其他事物做出全面的结论。这实际上是个人主观推断泛化和扩张的结果。在晕轮效应的影响下，一个人或事物的优点或缺点一旦变为光圈被扩大，其缺点或优点也就隐退到光圈的背后，被别人视而不见了。

再有，中国民间有句俗语："情人眼里出西施。"说的是为爱慕之情所迷惑，觉得所爱女子无处不美。黄庭坚的诗"草茅多奇士，蓬荜有秀色。西施逐人眼，称心最为得"，便是由这句古话而来的。情人在相恋的时候，很难看到对方的缺点，认为他（她）的一切都是好的，做的事都是对的，就连别人认为是缺点的地方，在自己看来也是无所谓的。这也是晕轮效应的表现。

心理学家认为，这种效应是由认识者的情感引起的、对他人的一种主观倾向。由于我们在认识他人时有一种情感效应，对他人的评价就容易出现偏差。这一偏差表现为当某人或某物被我们赋予了一个肯定的、令我们喜欢的特征之后，那么这个人就可能被我们赋予许多其他好的特征；反之，如果某人或某物存在某些不良的特征，那么我们就会认为他其他的一切都是坏的。后者被称为坏光环效应，也被形象地叫作扫帚星效应。正所谓"一好百好，一恶百恶"，在生活中，晕轮效应与扫帚星效应经常发生，这些都是人类一种奇妙的内心反应。

理性人生，**辩证对待心中的光环**

客观上讲，晕轮效应是一把双刃剑，在现实生活中，我们要辩证地对待这顶光环。

既然我们知道晕轮效应是一种以偏概全的评价倾向，是个人主观推断泛化和扩张的结果，那么在实际生活中，我们就要注意在评价自己的时候，要实事求是、考虑全面。当别人称赞你的时候，要保持头脑冷静，知道自己还有不足之处；当别人贬低你的时候，也不要自暴自弃，要知道自己还有可取之处。真实客观地看待自己，避免出现以偏概全而导致的错误。

我们可以利用晕轮效应为自己创造有利条件。此外，在认识或接触其他人和事物的时候，晕轮效应的负面影响会给人的心理带来很大的障碍。

正如著名文学家陀思妥耶夫斯基所言："倘若你想征服全世界，你就得先征服自己。"请辩证地对待我们心中的光环，理性地走出精彩的人生！

定律09

控制错觉定律：

我们总是会
“自信地犯错”

定律阐释

控制错觉定律，是指由于人们平常的生活都可以用自己的能力来支配，所以把这种错觉扩展到偶然性的事件上。

偶然性事件是无法控制的

日本有一家保险公司，发了一批头奖500万美元的彩票，然后以每张彩票1美元的价格卖给自己的职工。其中，一半彩票是买主自己挑选的，另一半彩票则是卖票人挑选的。到了抽奖那天的早晨，公司专门派调查人员找那些买彩票的人，并对他们说自己的朋友想买彩票，希望他们能转让出来。那么，他们会以多高的价格来出售自己的彩票呢？

关于这个彩票问题，很多朋友会觉得两者的售价肯定不一样。没错，最后的结果是：不是自己挑选彩票的人平均每张彩票的售价是 1.96 美元，而自己挑选彩票的人平均每张彩票的售价则是 8.16 美元。原因就在于自己选彩票的人相信自己的中奖率一定较高。

其实，这就涉及心理学上的控制错觉定律，即对于彩票中奖等非常偶然的事件，人们也以为自己的能力可以支配。但客观上来讲，偶然性的事件是受到概率支配的。比如你扔硬币 1000 次，正面和反面的概率一定都非常接近 500，但是哪一次是正面、哪一次是反面，是偶然的、不可预测的。

那么，回到最前面买彩票那个例子。实际上，别人给你买和你自己买，从概率上看，中奖的可能性是完全一样的。尽管从理论上人们应该都知道这个道理，可是到了实际操作中，大家往往还是认为自己"精心挑选"的彩票中奖的可能性更高一些。这可能是由于日常生活中的主要行为都能靠我们的努力和训练加以控制，所以就将这种意识错误地推及所有事，包括那些偶然性事件。

心理学家曾做过这样一个实验：他们给大学生一些钱，让他们来做掷骰子的赌博。结果发现，大多数学生都是在掷骰子之前下的赌注大。这是为什么呢？因为学生们都觉得靠自己的努力能使骰子按自己的意愿转动。不过，这根本没有任何逻辑上的依据，只是人们的错觉而已。

了解了控制错觉定律，我们便不难理解：为何赌博游戏会吸引很多人，甚至不少人为此倾家荡产也难以自拔。这些，都需要我们在日常生活中提高警惕。

错觉：该克服时要克服，该运用时要运用

错觉是指不符合刺激本身特征的错误的知觉经验。它与幻觉或想象不一样，因为它是对应于客观的和可靠的物理刺激的，只是似乎我们的感觉器官在捉弄我们，尽管这样的捉弄自有其道理。此外，在一定心理状态下也会产生错觉，如惶恐不安时的杯弓蛇影、惊慌失措时的草木皆兵等。

关于错觉产生的原因虽有多种解释，但迄今都没有完全令人满意的答案。客观上，错觉的产生大多是在知觉对象所处的客观环境有了某种变化的情况下发生的；主观上，错觉的产生可能与过去经验、情绪以及各种感觉相互作用等因素有关。

同时，外在因素也会引起我们的错觉。曾有一个实验，有人分别从富裕家庭和贫困家庭挑选 10 个孩子，让他们估计从 1 分到 50 分（美元）硬币的大小。实验发现，来自贫困家庭的孩子比来自富裕家庭的孩子要高估硬币的大小，尤其是 5 分、10 分和 25 分值的硬币。而当硬币不在眼前，只靠记忆估测，或者把硬币换成相同大小的硬纸板时，则高估情况会急速降低。这个实验形象地证实了在不同家庭环境中形成的态度和价值观对知觉有不可忽略的影响力。

不过，错觉虽然奇怪，但并不神秘，研究错觉的成因有助于揭示客观世界的规律。

一方面，可以通过控制消除错觉对人类实践活动的不利影响。例如飞行中的倒飞错觉，研究其成因，在训练飞行员时增加相关的训练，便可有助于消除错觉，避免事故的发生。

另一方面，我们还可以利用某些错觉为人类服务。人们能够通过控制错觉来获得期望的效果，如建筑师和室内设计师常利用人们的错觉来创造空间中比其自身看起来更大或更小的物体。例如一个较小的房间，如果墙壁涂上浅颜色，在屋中央使用一些较低的沙发、椅子和桌子，房间会看起来更宽敞。美国宇航局为航天项目工作的心理学家们设计的太空舱内部的环境，使之在知觉上产生一种愉快的感觉。电影院和剧场中的布景和光线方向也常被有意地设计，以产生电影和舞台上的错觉。

定律10

不值得定律：

别样的心态，别样的选择

定律阐释

不值得定律，指不值得做的事情，就不值得做好。一个人如果在做一件自认为不值得做的事情，往往会抱着冷嘲热讽、敷衍了事的态度，不仅成功率低，而且即使成功，也不觉得有多大的成就感；而如果在做自认为值得做的事情，就会感到快乐，并认为每一个进展都很有意义。

值得与不值得，都是心的距离

世界著名指挥家伦纳德·伯恩斯坦，年轻时向美国最有名的作曲家、音乐理论家柯普兰学习作曲，附带学习指挥技巧。可就在作曲方面的造诣炉火纯青的时候，他的指挥才能被当时纽约爱乐乐团的指挥发现，被力荐担任纽约爱乐乐团常任指挥。结果，他一举成名，在近30年的指挥生涯中，几乎成了爱乐乐团的名片。然而，他并不认为自己非常成功，始终受着“我喜欢创作，却在做指挥”矛盾的折磨……

在人们的眼中，伯恩斯坦是出色的、成功的；但在伯恩斯坦自己的眼里，他并不是成功的。因为他的大半辈子都活在苦恼和矛盾之中，甚至最后带着深深的遗憾告别了人世。

这就给予我们一个深深的启示：值得与不值得的距离有多远，就在于我们的内心如何衡量。正如心理学中不值得定律所阐述的那样，一个人如果在做一件自认为不值得做的事情，即使成功，也不觉得有多大的成就感；而如果在做自认为值得做的事情，则会认为每一个进展都很有意义。

如今，不少年轻人在得到一份工作后，都渴望证实自己的优秀，但因认为简单小事不值得做，从而失去了很多展示自己价值和走向成功的契机。

美国通用电气公司前总裁杰克·韦尔奇曾说，一旦你产生了一个简单而坚定的想法，只要你不停地重复它，终会将之变为现实。年轻人本来就心高气盛，认为自己一开始工作就应该得到重用，就应该得到丰厚的报酬，因此往往会对手头上的琐碎工作不满，动不动就兴起拂袖而去的念头。一位先知说过：“无知和好高骛远是年轻人最容易犯的错误，也是导致频繁失败的主要原因。”其实，小事也好，大事也好，都是我们内心价值观的一种判断。我们不妨听听比尔·盖茨的劝告：“年轻人，从小事做起吧，不要在日复一日的幻想中浪费年华。”

李嘉诚当初为了开创自己的大事业，离开舅舅的钟表公司独自闯荡。然而，他并不像如今很多年轻人那样浮躁，而是从小事做起，在打工中循序渐进，一点一点地开创事业的新局面，终于成就了一代富豪的庞大产业。

那么，究竟哪些事值得做呢？通常，这要取决于三个因素。

第一，价值观。一般来说，只有符合我们价值观的事，我们才会满怀热情去做。

第二，现实的处境。同样一份工作，在不同的处境下去做，给我们的感受也是不同的。例如，在一家大公司，如果你最初做的是打杂跑腿的工作，你很可能认为是不值得的；可是一旦你得知自己将被提升为领班或部门经理，你就不会这样认为了。

第三，个性和气质。比如，在企业中，让成就欲较强的员工单独或牵头完成具有一定风险和难度的工作，并在其完成时给予及时的肯定和赞扬；让依附欲较强的员工更多地参加到某个团体中共同工作；让权力欲较强的员工担任一个与之能力相适应的主管。同时要加强员工对企业目标的认同感，让员工感觉到自己所做的工作是值得的，这样才能激发员工的热情。

明白了这个道理，做事或做选择时，我们就会理性地对待内心的值得与不值得。

选择要理性，**面对要积极**

不值得定律让我们明白：智者，应理性地对待心里的那把尺子。在众多选择中，要认清哪些事情是最重要的、值得做的，然后竭尽全力，把这些值得做的事情做好；反之，那些没有意义、不值得做的事情，干脆不要做。

世界著名编剧家贝尔西蒙的每部剧作都堪称经典，很多人都认为他有着过人的才能或智慧。其实，在写每一个剧本之前，他都会先问自己：若能将这个剧本中每一个角色都表现得淋漓尽致，又保持故事的原则性，那这个剧本究竟会有多好呢？说白了，答案只有三种：一是“很好”，值得花费两年的心血去深入构思创作；二是“还行吧”，但是像鸡肋，没太大意思，不值得耗费太多的精力；最后则是“垃圾、俗套”，根本不值得一写。也正是因为这种做事前认真考虑是否值得做的习惯，贝尔西蒙才能不为不值得做的事浪费时间，从而将有限的精力全部投入到值得做的事业中，最终取得成功。

所以，在生活中，我们要明确自己的人生目标和价值观，找到我们在社会中的坐标，找到心中的那把标尺，遇到那些芝麻绿豆的小事，就没必要大动干戈，以免浪费生命；当遇到了真正值得做的事，就应该像贝尔西蒙那样，坚持下去，尽全力去实现它，只有这样才能取得成功。

定律11

禁果效应：

越禁越禁不掉的心理

定律阐释

禁果效应，也叫作罗密欧与朱丽叶效应，指越是禁止的东西或事情，人们越是好奇和关注，越是充满窥探的欲望和尝试的冲动。这与人们情绪中的好奇心和逆反心理有关。

禁果真的格外甜吗

在古希腊神话中，万神之首宙斯有位侍女叫潘多拉。一次，宙斯派她去传递一个魔盒，并千叮咛万嘱咐不能打开盒子。然而，正是宙斯的告诫，反倒激起她不可遏制的好奇和探究欲望，于是她不顾一切地打开魔盒，结果，盒子里装有的所有罪恶都跑到了人间。

其实，正是宙斯“禁止打开”的命令促使潘多拉将盒子打开。这就是心理学上所说的禁果效应。

俄罗斯有句著名的谚语说："禁果格外甜。"谈到这个话题，我们就要先从禁果说起。它源自《圣经》，指伊甸园知善恶树上结的果实。

《圣经·创世记》载，上帝为人类始祖亚当和夏娃建了一个乐园，也就是众所周知的伊甸园。上帝让他们两人住在园中，并负责修葺与看管。同时，上帝还特意嘱咐道："园内各种树上的果子你们都能吃，唯独知善恶树上的果子你们不能吃，因为吃了它你们就会死。"亚当和夏娃谨记着上帝的教诲。

突然有一天，夏娃没禁得住蛇的诱惑，被神秘的知善恶树上的禁果吸引，于是摘下树上的果子，吃了下去。而且她还把果子也给了亚当，亚当也吃了。

后来，上帝得知此事，将他们赶出了伊甸园。同时，上帝惩罚了罪魁祸首——蛇，让它用肚子走路；责罚了夏娃，增加她怀胎的痛苦；责罚了亚当，让他终身劳作才能从地里获得粮食。

夏娃和亚当为什么要违背上帝的旨意偷吃禁果？是因为他们饥饿呢，还是因为他们嘴馋？当然都不是。这个关于人类远祖的故事，就是暗示了人类的本性中具有根深蒂固的禁果效应倾向。

在现实生活中，我们常常会遇到这样的情况：越是被禁止的东西或事情，越会引发人们更大的兴趣和关注，使人们充满窥探和尝试的欲望，千方百计通过各种渠道获得或尝试它，即上面所说的禁果效应。其实，这种做法与东西本身没有太大的关系，主要是因为"禁"激起了人们情绪中的好奇心理和逆反心理。

这种效应存在的心理学依据在于：无法知晓的神秘事物比能接触到的事物对人们有更大的诱惑力，也更能促进和强化人们渴望接近和了解的需求。我们常说的“吊胃口”“卖关子”，就是因为人们对信息的完整传达有着一种期待心理，一旦关键信息在接受者心里形成接受空白，这种空白就会对被遮蔽的信息产生强烈的召唤。这种“期待—召唤”结构就是禁果效应存在的心理基础。“禁果格外甜”，不过是人们的一种心理表现。

巧妙播种禁果，品其甜、避其苦

虽然生活中的禁果效应无处不在，但它是一把双刃剑，既有积极的作用，又有消极的作用。

你也许不知道吧，今天我们生活中司空见惯的蔬菜——土豆，在刚刚被发现时，就是因为被当作禁果，才得到了广泛的推广。

土豆从美洲引进到法国时，很长时间没有得到认可。迷信者把它叫作“鬼苹果”，医生们认为它对健康有害，而农学家则告诉人们，土豆会使土壤变得贫瘠。这些“权威人士”的断言，使土豆成了不受欢迎、稀奇古怪的东西。

著名的法国农学家安端·帕尔曼切在德国当俘虏时，亲自吃过土豆。他尝到了土豆的“甜头”，就想回到法国后，在自己的故乡培植它。可是因为那些“权威人士”的断言，谁也不敢种土豆。

后来他灵机一动，想出了一个办法。他得到国王的许可，

在一块出了名的低产田上开始栽培土豆。根据他的要求，要由一支身穿仪仗服装、全副武装的卫队看守这块土地，但只是白天看守，到了晚上，卫队就撤了。

这使人们非常好奇：是什么好东西需要卫队这样煞有介事地看守呢？一定是好东西，才怕别人偷啊。人们这样一想，就猜测土豆一定是非常美味或很有好处的食品，禁不住想要知道个究竟。于是，他们商量好，晚上就到那块土地上偷挖土豆，然后种到自己的菜园里去。

结果，土豆得到了很好的推广，而且人们发现这是一种风味独特的食品，没有任何可怕的地方。

正是巧妙运用了禁果效应，激发人们与生俱来的好奇心，帕尔曼切推广土豆的目的才得以实现。

除了像帕尔曼切那样利用禁果效应得到积极效果外，生活中还有不少因禁果效应而适得其反的例子。

比如，历代统治者经常把他们认为是“诲淫诲盗”的书列入禁书之列，如我国的《金瓶梅》和西方的萨特、王尔德、劳伦斯等人的作品。但是，被禁不但没有使这些书销声匿迹，反而使它们名声大噪，使更多的人挖空心思要读到它们，反而扩大了它们的影响。

可见，透过禁果效应，一方面，我们可以把某些人不喜欢而又有价值的事物人为地变成禁果，以提高其吸引力；另一方面，我们不要轻易把某些不喜欢或不赞成的事物当成禁果，以免人为地增加其吸引力，适得其反。

定律12

情感宣泄定律：

请给情感一个宣泄的窗口

定律阐释

情感宣泄定律，指情感如果不及时宣泄，就会引起心理问题。即使你在压抑、克制阶段意识不到它的存在，也只说明它从显意识层转移到了潜意识层，对你的影响仍然存在，而且一直在找机会真正发泄出去。

情绪需要宣泄

鲁迅笔下的祥林嫂，作为《祝福》的主人公，以“喋喋不休地讲述阿毛事件”而为人们所熟知。由于第二个丈夫的死，特别是儿子阿毛的死，祥林嫂的心理处于极度的紊乱状态，精神在屡次的灾祸中严重受损，只有依赖倾诉——反复絮叨她的“阿毛的故事”，来宣泄她那被压抑且痛苦的情感。祥林嫂也是人，这种倾诉更确切地说是宣泄，完全是创伤心理求得安慰的需要。

仔细想想，我们生活中一反常态的絮叨、歇斯底里，乃至许多失去理智的疯狂举动，不就是因为遭遇灾祸或不顺，对情绪的发泄吗？我们每个人在一生中都会产生数不清的意愿、情绪，但最终能实现、能满足的却并不多，因此也就需要情绪的宣泄。

有人认为，对那些未能实现的意愿、未能满足的情绪，应该千方百计地压抑、克制，不能发泄出来。殊不知，这种做法会产生一种心理上的能量，若不通过其他的途径进行释放，它自身丝毫不会减少，就好像物理学上的能量守恒定律。

还有，即使你在压抑、克制阶段意识不到它的存在，但实际上它对你的影响仍然存在，而且一直在找机会真正发泄出去。

情绪需要宣泄的时候，光靠自己的克制是解决不了问题的，即使不经意间，它也会向外流露，方式不仅仅局限于祥林嫂的“说”，这就像人类的本能一样。

及时疏导，**别让坏情绪“决堤”**

生活中，难免会发生失败等不顺我们心意的事情。由此所产生的情绪，如同洪水一样，若不及时把它泄出去，就会给我们心理的堤坝造成强大压力。对此，我们不能采用堵的方法，因为随着水位的升高，堵塞只能是暂时的，到一定程度就会造成“决堤”，那时情况就更严重了。

也许你会问 :“在心理上筑高堤坝不行

吗？”要知道，如果这样做，势必使人在心理上与外界日益隔绝，造成精神的忧郁、孤独、苦闷等不良后果。同时，这股暗流达到一定程度，还是要冲破心理的堤坝，甚至导致精神失常。

从科学上来讲，对于这样的情绪，最好的办法是疏导。需要注意的是，虽然情绪需要宣泄，但要注意合理性。这就好比我们用高压锅做饭，一方面要将气适当地放掉，另一方面也要保证把饭做好。如果只知道将气泄掉，那么拿掉整个锅盖就可以达到目的了，然而这样做却使饭夹生了。因此，情绪宣泄不仅要有建设性，还应该是无害的。

在宣泄的过程中，尽量不要指责别人，而用诉苦的方式，更容易博得别人的理解。也可以找个不影响他人的适当场合，自己大哭一场，或者听音乐、做运动、自言自语、写写日记、养育鱼鸟、种植花木、找心理医生等，都是很好的宣泄方式。

定律13
情绪转移定律：

小心，
坏情绪会传染

定律阐释

情绪转移定律，指人的不好情绪如果没有得到适当的宣泄，就会转移到其他人和事上，是一种情绪的蔓延现象。

坏情绪是心灵“流感”

生活中，我们的坏心情就像流感一样，如果不加以控制，就会不断蔓延。下面这个有趣的故事，就是很好的证明。

王先生是某私企的总经理，对公司管理非常严格，而且能以身作则，每天都早到迟退。不料，有一天早晨，王先生看报太入迷了，结果出门晚了。他匆匆忙忙地开车，闯了一个红灯，正巧被警察逮到，还被扣了驾驶执照。

本来上班就迟到了，没想到还被扣了驾照，王先生顿时气急败坏。回到办公室，正好碰到项目经理来向他汇报工作。他不带好气地问："上周那个项目敲定没有？"项目经理告诉他还没有。他突然吼道："我已经付给你七年薪水了，现在我们终于有机会做笔大生意，你却把它弄吹了！如果不把那个项目争回来，你就别想再踏进公司半步！"

项目经理怀着一肚子不满回到自己的办公室，心想："我为公司卖了七年力，你王经理不过是个傀儡。现在，就因为我丢掉了一个项目，就恐吓要解雇我，太过分了！"正巧秘书来找他签字，他马上问秘书："今天早上我给你的那五封信打好了没有？"秘书回答说："还没。我……"他立刻冒起火来，指责说："不要找任何借口，我要你赶快打好这些信件。虽然你在这儿干了三年，但不表示你会一直被雇佣！"

秘书很愤怒地回到自己的座位，心想："有病啊！三年来，我一直很努力工作，经常加班，现在就因为我无法同时做两件事，就恐吓要辞退我。太欺负人了！"

秘书下班回家，看到九岁的儿子正悠闲地打着游戏，立刻叫起来："我告诉你多少次，要好好学习，赶快给我回到房里去看书！"

儿子回到自己房间，心想："妈妈刚到家就冲我发这么大的火，真过分！"这时，平时他最喜欢

的小狗走了过来，可他二话没说就狠狠地踢了小狗一脚："给我滚出去！"

小狗疼得乱窜，发疯似的冲出门，还咬了一个人——那个人正好是从这里路过的王总经理。

不可思议吧，王先生的消极情绪通过漫长的链条，经过不同人物的传导，最后又回来殃及了自己。在心理学中，这种现象被概括为情绪转移定律，指人的不好情绪如果没有得到适当的宣泄，就会转移到其他人和事上，是一种情绪的蔓延现象。

其实，这样的情绪转移现象在生活中并不少见。一个人的不良情绪一旦无法正当发泄和排解，往往会找一个出气筒，把情绪转移到别人的身上，有时甚至是无意识的，自己也很难控制。但无论如何，拿别人撒气是不对的，对别人是不公平的。

中国有句古话叫"己所不欲，勿施于人"，就像我们不希望别人把自己当出气筒一样，我们也应该适当克制自己的情绪，不要把别人当成自己的出气筒。

掌控自己，别把坏心情传染给别人

既然人人都不希望被当作出气筒，那么，遇到不良情绪时，我们该怎么办呢？

答案很简单，我们要学会调整情绪的方法，及时扭转不良情绪，避免它的蔓延。

生活中，我们要懂得原谅别人。而且，当别人对我们不友好时，不一定是真的对我们有恶意，也许是因为他遇上了生气

的事，不知不觉就把气撒到了我们身上。对这样的人，我们也没必要斤斤计较，宽容为怀往往更容易解决问题。

同时，如方岳在诗中所言“不如意事常八九，可与人言无二三”，人在社会中难免会遇到一些不如意的事情，我们要学会排解不良情绪。

另外，可以有意识地转移注意焦点。当你遇到挫折，感到苦闷、烦恼，情绪处于低潮时，就暂时抛开眼前的麻烦，不要再去想引起苦闷、烦恼的事，而把注意力转移到自己较感兴趣的活动和话题中去。多回忆自己感到最幸福、最愉快的事，以此来冲淡或忘却烦恼，从而把消极情绪转化为积极情绪。

明智人生需要“不以物喜，不以己悲”的平和。要做到处颓势不倒，处逆境不躁，心静若止水。还要守住一份寂寞，忍耐一份孤独，不随波逐流。自己的情绪，还是要自己做主。

定律14

眼不见为净定律：

只要看不见，
就是干净的

定律阐释

眼不见为净定律，是一种自我欺骗的行为，也是一种自我心理保护的机制，具体指当人们看到自己难以接受的事物或遇到无法忍受的事件时，一般采取否定、逃避态度的现象。

眼不见为净，**心不想不烦**

俗话说得好："眼不见为净。"当你讨厌的东西没有在你的视力范围内时，这些东西所带给你的不快就会消失。

在生活中，常常会听到有人说："管他呢，眼不见为净！"每当听到这句话的时候，一般都是讲这话的人遇到了什么难办或烦心的事。对于不好处理或难以接受的事，我们的第一选择一般都是"眼不见为净"。只要那些让我们不快的人或事不被我们看到，那些难办的或烦心的事好像就不存在了。然而，这却是一种自我欺骗，事实没有半点改变。如果将来再看到那些事和人时，你将会受到更严重的打击，承受更巨大的痛苦。所以，对于自己，一时的自我安慰是可以的，但是经常性的自我欺骗却是要不得的。

与其自我欺骗，不如**大胆面对**

当不好的事情发生时，我们的第一反应是：这不是真的。先否定这一事件的真实性，然后再慢慢接受它。比如说，钱包不小心丢了，我们就是不愿相信这个事实，总认为它还在某个地方等着我们把它找到，可事实上，它是真的丢了。为什么我们在遇到坏事情时，总是会先否定这个事件的真实性呢？

因为我们的内心无法接受这一事件，否定是一种自我保护。我们身体里存在着一种心理保护机制，当我们遇到令我们不快或痛苦的事情时，就会不自觉地采取一种完全否定的态度，以减轻心理上的痛苦。而当我们做了不该做的事情时，我们也会用否定的态度来减轻负罪感。比如，儿童不慎将花瓶或杯子摔破后，知道自己闯了大祸而用双手把眼睛蒙起来，不敢再看已被打破的东西，就如同掩耳盗铃一般。鸵鸟当被敌人追赶而难以逃脱时，就把头埋进沙里。因为危险在眼前，情感上难以承受，把眼睛蒙起来，抹杀已发生的事实，以免除心理上的负罪或痛苦。这种否定存在或已发生的事实的潜意识，正是用自我欺骗的方法来减轻痛苦，以达到自我保护的目的的。

虽说“眼不见为净，耳不听为清，心不想不烦”，但这都只

是一种缓解之法，不是真正的解决之道。那如果看见了、听到了、想起了，怎么办？这种打击是双重的。当坏事发生的时候，当危险降临的时刻，首先要接受现实。没有什么是不可接受的，一切痛苦当你真的敢于接受时，它的疼痛度就会减轻很多，因为你已经做好了心理准备。而如果你只想着逃避，不愿或不敢面对现实，那么现实会对你更加残酷。一切对手都是吃软怕硬的角色，现实也不例外。只要你拿出勇气，敢于面对，那么这世界上就不存在过不去的坎儿。

能获得成功的人，是敢于面对自己惨淡人生的人，是敢于接受一切打击磨难的人，是敢于挑战各种艰难困苦的人。所以，从今天起，不要再骗自己，努力去面对现实吧！

定律15

自我宽恕定律：

自己的错误总是可以原谅的

定律阐释

自我宽恕定律，是指我们对于自己的错误、缺点总是可以很轻易地原谅，而对于别人的却不行。

我的错误都是别人造成的

曾经很流行这样一个观念：“我的错误都是别人造成的。”其实，很少有人会认为自己是坏人，看到自己的缺点，承认自己的错误。虽说“知错能改，善莫大焉”，但是现实生活中，却很少有人敢于承认自己的错误，或从来都不认为是自己犯了错。

例如，在公交车上，一男人踩了一女人的脚，女人很生气地质问他：“你干什么呢？踩我脚了你知不知道？”那男人却说：“谁让你把脚放我脚底下的？”从来都不是他的错，都是别人的错。当然这个例子举得有点儿夸张，但是实际上类似的事真是数不胜数。

当别人指出你的问题时，人们一般不是承认，而是狡辩，先证明这不是我的错，就怕承担责任和后果。对于自己的行为、自己的过失，人们总能找到解释的理由，而这理由往往又和他人有关，也就是说人们惯于推卸责任而不是承担责任。

在人们的心目中，犯了错就要接受惩罚，为了避免惩罚就先把责任推一边去，或者干脆不承认，也不推诿。有些人，让他认个错，比杀了他还难。这是自尊心太强的缘故，他不容许自己犯错。对自己要求比较高的人，都不会轻易承认自己的错误，因为这样会有损他的形象和自我评价；自卑的人，也不容易承认自己的错误，越是自卑，就越害怕自己犯错，不敢承认自己犯错，因为这样会被别人看不起，自己也会更自卑。人类的这个天性，真是可笑至极。

一个杀了别人全家的犯罪分子被抓获后，不仅毫无悔改之意，还说："都是他们逼我的。如果他们不逼我，我也不会这么做。"一个专抢富人的劫匪在被抓获时，说："他的钱来路也不干净，我抢他是应该的！"一个盗窃犯被抓后，说："谁愿意当小偷？如果不是这个社会不公平，不给我一条活路，我也不至于走到今天。"总之，一切罪行都是有原因的，都是别人造成的，不是自己故意犯的。

还有，自己起晚了迟到了，却说："路上碰着个熟人，非拉我说话。"不小心把别人的杯子撞到了地上，却说："你怎么把杯子放在这么不安全的地方啊？"泼水泼到了人，却说："谁让你站那儿的？"反正，自己总是对的，别人总是错的。也正因如此，才会出现不可开交的争吵、无法解决的矛盾。公说公有理，婆说婆有理，各人都认为自己有理，都看不到别人的理。不懂得互相体谅和宽容，关系只能越闹越僵。

如果说自私是人类的本性，自我保护是人类的天性，自恋是人类的秉性，那么人类就应该在后天多多学习宽容和体谅他人的能力。

错了就是错了，承认也没什么大不了的。只有认识到自己的错误，才能看到自己的不足。只有敢于承认错误，才能获得进步。金无足赤，人无完人。犯了错误不可怕，可怕的是不知错、不认错、不改错。每个人都有自己的优缺点，在看到自己优点的同时也要清楚地认识到自己的缺点，在看到别人缺点的时候也要懂得欣赏别人的优点。

严于律己，宽以待人

人性有个根深蒂固的特点，就是容易发现别人的缺点和错误，却不容易看到自己的不足。比如，上学的时候，考试结束后，老师让自己改自己的错题，往往会少算一两道；而如果让你去挑别人的错误，那么你会连最小的错误都看到。这就是“自己行，别人不行”的态度在作怪。

中国有句古话叫“只许州官放火，不许百姓点灯”，说的正是这个定律。自己犯多大的错都是可以原谅的，而别人犯一丁点儿错就应该受到重重的处罚，对自己和对别人的态度截然不同。我们往往对自己放纵，对别人严苛。

现实生活中，很多纷争都是由于我们不肯承认自己的错误，却非得让对方承认错误而引起的。古人云："律己宜带秋风，处事宜带春风。"如果人人能做到这样，那么这世间将会减少许多纷争。所以，我们要懂得严于律己，宽以待人。这也是中华民族的传统美德。

我们平时不要太与他人计较，也不能太放纵自己。这样我们才能更好地进步，完善自我，与他人的关系也会变得更加和谐融洽。正所谓："以责人之心责己，以恕己之心恕人。"如果能以这样的态度对人对事，那么就能化隔阂为理解，化矛盾为情谊，变错误为机遇，变不足为优势。

自我是一本书，是一个谜，是一个孩子。我们要翻阅它，要猜透它，要教育它。更好地塑造自我，就要看到自己的不足和错误，然后弥补不足、改正错误。

定律16

虚假同感偏差：

以己度人 未必可靠

定律阐释

虚假同感偏差，又叫作虚假一致性偏差，在1977年由美国斯坦福大学的社会心理学教授里罗斯证实并提出。它指的是人们经常会高估或夸大自己的信念、判断及行为的一种心理上的普遍特征。当遇到与此相冲突的信息时，这种偏差使人坚持自己的社会知觉，哪怕这种知觉是错误的。

我们为何会自信地**以己度人**

有这样一则寓言故事，虽然沉重，却发人深省：

古时候，在一个寒冷的冬天，有一个木匠一边带着孩子，一边在地主家干活。木匠很卖力，干活干得大汗淋漓，就把自己的衣服一件一件地脱了下来。这时，他突然想到了身边的孩子，生怕孩子也热，也同样把孩子的衣服都给脱掉了。结果，孩子被冻死了。

看罢此故事，有的朋友可能会觉得这个木匠很愚蠢，但是，这种愚蠢正是虚假同感偏差的典型表现。人们总是会在不经意间夸大自己意见的正确性，甚至把自己的特性也赋予他人身上，想象着每个人与自己都是相同的，这样一来，如果自己有疑心，就会认为周围的其他人都是疑心重重的。这种虚假同感偏差可以使你通过坚信自己的信念和判断，从而获得自尊和优越感，但是与此同时，它也可能会像那个愚蠢的木匠的故事一样，给你带来决策和选择的错误。

那么，是什么因素在影响着一个人的虚假同感偏差呢？我们可以从以下 5 个方面加以考虑：

1. 当前的行为或事件对你非常重要的时候

生活中，你或许听到过这样的言论：“爱有多深，恨便有多浓。”当一对情侣分手之后，之前的爱意都将转化为瞬时的愤怒或者长久的积怨。如果你作为他们的朋友，其中一方总会在你面前抱怨：“那家伙是个狼心狗肺的混蛋！是不是？”他们会坚定地认为你也会和他们站在同一个阵营里，并一起和他们同仇敌忾，尽管你心里也许并不是那么想的。

2. 当你非常确信并坚定自己的观点或意见的时候

对一个问题相当确定的人，自然会倾向于认为别人也持有相同意见，即使受到反驳，也不会轻易悔改。比如，一个高中生特别擅长某类数学应用题，在其他同学看来是困难的题目，他总是能快速形成解题的思路。如果有哪一次他自己也遇到难题无能为力时，他就会认为其他人肯定也做不出来。即使有的同学解答出来了，他也会认为是错误的。

3. 当你的地位和正常生活受到某种威胁的时候

如果你面临一个重大事件，比如说你的家乡发生了一起重大刑事案件，或者你所在的单位要进行一次大规模的人员调动，你肯定会在心里格外关注这些事件，同时，认为别人也会觉得这事很重要，而且会持有和你一样的观点。其实，无论是家乡，还是单位，那都是“你的”，别人或许只会好奇，但不会像你那样如此在乎。

4. 当涉及某种积极的品质或个性的时候

平时，我们总会说“以小人之心度君子之腹”，但是虚假同感偏差正好相反，是“以君子之心度小人之腹”。例如，在公司公开竞聘时，很多人总会在心里暗示：“我认为自己入职以来的工作态度和业绩都很优秀，领导和同事们也看在眼里，所以不

会有人不选择我的。”其实，我们都知道，无论身处何种环境中，由于性格等原因的差异，不可能每个人都喜欢你，我们也没有理由让每个人都赞同自己。

5. 当你将其他人看成与自己是相似的时候

无论身处何时何地，当人们习惯了自身的生活方式之后，便会把这种习惯看作是理所应当的事情。例如，在科技发达的现代社会，人们在办理公务、生活学习方面越来越依赖于电脑，如相隔异地召开视频会议，通过信息平台发布通知，使用电子邮件上交作业，等等。当人们越来越习惯于这种沟通交流方式的时候，如果偶然发现身边还有人没有电子邮箱，写文章的时候还用钢笔和稿纸，便会瞠目结舌。殊不知，只是他们忽略了，并不是每个人都和他们是一样的。

让虚假同感偏差回归原点

有的时候，在确定的场合和事件中，由于虚假理论偏差在起作用，可能会在人际交往中带来一些小小的困扰，但这并不是意味着虚假理论偏差就是一种自私狭隘的坏品质。归根结底，它属于人的一种本能。

既然是本能，就是中性的，没有好坏之分，人类自身也无法避免。但是，人们可以通过认识这种理论，从而正确利用这种定律，使它服务于人，造福于人。

首先，不要先入为主地对他人的观点进行主观臆断。当遇到某些事情需要大家说出观点或想法的时候，尽量先从自身的角度出发，经过深思熟虑，说出最适合自己，也最能代表自己心声的观点，而不要削尖了脑袋去做别人肚子里的蛔虫，猜测他人的想法。试想，如果猜对了，短时间内可能会增加个人的成就感，但其长远结果是，这样的人会因为热衷于追求这种所谓的成就感而变得猜忌他人；如果猜错了，则会产生心理落差，影响情绪，从而影响到工作学习的效率，得不偿失。更为重要的是，虚假同感偏差只是一种与生俱来的本能，而主观臆断则会使这种本能偏离原先的轨道，将其夸大。

其次，客观对待并尊重他人的不同观点。我们应该清醒地意识到，每个人的想法都是不同的，你有坚持自己观点的权利，但别人没有认同你所有观点的义务。了解了虚假同感偏差理论，我们就应该客观地看待自己的观点，宽容地尊重他人的观点。如果能真正做到这一点，那么即使是战场上的敌我双方，也可以成为好兄弟。在战场相遇，只是因为各为其主，但战场上的成败不影响个人的交情。这样，就有助于人们建立沟通和对话渠道，增进相互间的了解，加深彼此的情谊。

最后，要敢于接受他人的反驳。在自然界，存在着生物多样性的现象；在人类这个大群体中，自然也要有思想多元化的现象。无论在什么场合，当两个人甚至几个人的观点针锋相对的时候，要敢于接受，就事论事，不要认为这是所谓的人身攻击，从而产生不必要的冲突。正所谓“集思广益”，要想出位，就必须允许百家争鸣的局面，一家之言通常情况下都是站不住脚的。

当人们真正理解了虚假同感偏差，并能够学以致用的时候，这个定律中的偏差也就回归到原点了。

定律17

周哈里窗理论：

人心是一扇“窗”

定律阐释

周哈里窗理论，是心理学家鲁夫特和英格汉关于客观自我的认知的一种理论模式。它用窗户比喻一个人的心，普通的窗户分成四个部分，人的心理也是如此，人的内在可以分为四个部分：开放我、盲目我、隐藏我、未知我。

认识自我的那扇“窗”

人们总得意地说：“世界上最了解我的人，就是我自己！”而实际上，我们并非那么了解自己。

其实，认识自我应该是一个科学的过程，周哈里窗理论就为我们提供了一个非常好的借鉴。该理论用窗户比喻一个人的心，并将这扇窗户分成四个部分，即分别位于一个窗户的左上部分、右上部分、左下部分、右下部分。它们对人类自我的认知范围和认知程度也各不相同，共同构成了一个完整的“我”。

开放我：左上角那部分窗称为开放我，也叫公共我。这一部分属于自由活动领域，也就是说，这是自己清楚别人也知道的部分，如一个人的性别、外貌、婚姻状况、职业、工作单位、居住地点、能力、爱好、特长、成就等。这是自我认知的基础部分，自己能够很清楚地意识到，同时对他人也无须隐瞒。

开放我的大小取决于自我心灵开放的程度、个性张扬的程度、人际交往的广度、他人的关注度、开放信息的利害关系等。开放我是自我最基本的信息，也是了解自我、评价自我的基本依据。

盲目我：右上角那部分窗称为盲目我，也称脊背我，属于盲目领域。这是自己不知道而别人却知道的部分。可以是一些很突出的心理特征，比如有人轻易承诺却转眼间忘得干干净净；也可以是不经意的一些小动作或行为习惯，比如一个得意的或者不耐烦的神态和情绪的流露——自我常常觉察不到这些关于自我的信息，但是别人却心知肚明。

盲目点可能是一个人的优点，也可能是一个人的缺点。由于本人对这个认知领域毫不知觉，当别人将这些盲目点告诉自己时，一般会产生惊讶、怀疑或辩解的情绪反应，尤其当听到的信息与自我认知不相符时。所以，我们有时会听到一些人满脸惊讶地说：“啊？是吗？难道我这种性格真的很受大家喜欢吗？我还一直以为大家都喜欢像小华那样的性格类型呢！”

隐藏我：左下角那部分窗称为隐藏我，也称隐私我，属于逃避或隐藏领域。这是自己知道而别人不知道的部分，也就是我们经常说的隐私，不愿意透露或不能让人知道的事实或心理。隐藏的内容不一定都是缺点，像身份、往事、疾患、痛苦、窃喜、愧疚、尴尬、欲望、意念等，都可能成为隐藏我的内容，具体视一个人的性格和心理而定。相比较而言，心理承受能力强的人、隐忍的人、自闭的人、自卑的人、胆怯的人，隐藏我会更多一些。因为他们不愿意让别人把自己看得太透明，或者不敢把自己完全地展示在他人面前。

未知我：右下角那部分窗称为未知我，又叫潜在我，属于处女领域。这是自己和别人都不知道的地方，有待挖掘和发现，也就是我们通常说的潜能。一般指一个人经过训练和学习后，可能获得的知识和技能，或者在特定的机会里展示出来的才干。潜意识仿佛隐藏在海水下面的冰山，力量巨大却又容易被忽视。充分探索和开发未知我，才能全面深入地认识自我、激励自我、发展自我、超越自我。

总之，了解周哈里窗理论的具体内容，我们便可以更客观、更准确地认清自己。

如何客观**认识自我**

我们经常会说："人贵有自知之明。"但事实上，真正能做到自知的人却寥寥无几。这是由于盲目我和未知我的存在，导致人们虽然每天都与自己相处，但是其实并不是十分了解自己，这便需要借助一些外在的力量来完全认知自己。

第一，从自己与他人的关系认识自己。

与他人的交往，是个人获得自我认识的重要来源。从幼年到成年，我们从简单的家庭关系扩展到外面的友爱关系，进入社会后又体验到复杂的人际关系。聪明而善于思考的人能从这些关系中用心向别人学习，从而认识自我。

第二，从我与事的关系认识自己。

从做事的经验中了解自己。我们可以通过自己所做的事，所取得的成果、成就，看到自己身上的优点和缺点。养成反思的习惯，每天反思自己所做的事情，哪里做得比较好，以后要继续保持；哪里做得有所欠缺，下次再遇到同样的事情要引以为戒。在反思过程中，对自己的优点与缺点也有了明确的认识。

第三，从我与自己的关系中认识自我。

这一点说起来很容易，只是做起来有点难。可以从自己眼中的我的角度尝试认识自己，即自己可以观察到的客观的我，包括身体、容貌、性别、年龄、职业、性格、气质、能力等。

定律18

马斯洛理论：

人是一种有欲求的动物

定律阐释

马斯洛理论，由心理学家马斯洛在1943年提出，认为人是一种有欲求的动物，人的需求也有一个从低到高的顺序。该理论认为人的生理需要是最基本的，再向上依次是安全需要、归属和爱需要、尊重需要以及自我实现的需要，这些都属于高层次的心理需要。人们会不停地追求各种目标。当一种需要获得满足之后，人们又会产生另外的需要，继续去寻求另外的目标。

人的五大需求

有人说：生，容易；活，容易；生活，却不容易。也有人说：我们吃饭是为了活着，但是活着却不仅仅是为了吃饭。很简单的两句话，却给我们揭示了一个很深刻的道理：单纯的生存只要满足基本的生理需求就可以了，但是生活不一样，在满足了吃穿住行这些基本的生活需求之后，我们还需要更多的东西。我们还会有梦想，有追求，渴望成功，渴望被尊重。

究竟人类需要的是什么？马斯洛是这样告诉我们的：

第一，生理需要。我们首先要安排好自己的衣食住行，满足自己的温饱，并不是因为我们喜欢，而是因为我们需要，因为这些基本的生理需要能保证我们继续作为一个健康的个体存活下来。这类需求的级别较低，但是生理需要对于人的作用，就相当于地基对于高楼大厦，没有这些基本需要，其他的需要都是空中楼阁。因此，它对于一个人的生存发展起基础作用。

第二，安全需要。安全需要是指一个人对自身的人身安全、生活稳定有一定的需要，同时也希望免遭痛苦、远离威胁或者摆脱疾病。同生理需求一样，在安全需求没有得到满足之前，人们最关心的就是这种需求。成语“安居乐业”所要表达的就是这层含义，只有保证一个安全的生存环境，才有心情去考虑其他事情，创造属于自己的事业。

第三，归属和爱的需要。在前面两个需要得到满足之后，归属和爱的需要就显现出来了。它是指一个人希望有和睦的家庭，有来自父母和其他亲人的关爱，有心灵的归属感。年龄越小，这种需要就越强烈。随着年龄的增长，这种需要的对象将会逐渐扩大到朋友、伴侣身上。这一需要是与前面两个层次截然不同的另一层次。

第四，尊重需要。尊重需要既包括自己对自己的认同，也包括他人对自己的尊重与认可。有这种需要的人希望别人能接

受他们，并认为他们有能力，他们关心的是成就、名声、地位和晋升机会。当他们得到这些时，会赢得人们的尊重。这种需要应该把持一定的限度，如果任其泛滥，将会由正常的需要而变为可怕的自负。

第五，自我实现的需要。这种需求，主要表现在工作学习和生活的追求。随着前四种需求的被满足，人们开始寻找生活的乐趣，开始学习更多的知识，尽量地享受工作外的精神生活，如各种技能培训，以及旅游、疗养等各类休闲娱乐活动。

这就是马斯洛给我们归纳的人的需求层次理论。掌握这个理论，将有助于我们更清晰地认清自我，更融洽地与周围的人交往，拓宽自己的交往范围。

如何有效利用**需求层次**

马斯洛理论包含了人类由低级到高级的各种需求，因此与我们每个人都息息相关。那么，如何有效利用这些需求层次，为我们的生活锦上添花，真正让理论为我们所用呢？

首先，要学会尊重他人。推己及人，想要得到别人的尊重，就必须先尊重别人：尊重父母，感谢他们多年来的养育之恩，在未来的日子里，也要用同样的尊重与敬爱去回报父母；尊重朋友，让彼此在平等和谐的环境中交流，就可以增进相互间的了解，加深彼此的感情；尊重员工，消除等级制度，实行弹性工作制，调动员工的积极性。尊重身边的每一个人，一点一滴积累起来的友善资源，将是人生路上最宝贵的财富。给予别人这些肯定，满足他们的精神需求，就可以获得更好的人际关系、获得更多的回报。

其次，在生活中科学合理地安排各个层次的需要。在现代的许多家庭教育中，都背离了这个层次理论。孩子正值童年，正是天真烂漫、无忧无虑的年龄，但是大多数孩子在这个年龄段却没有享受到应有的那份童真，而是整天奔波于学校和各个补习班之间。从马斯洛理论的角度来看，正值童年的孩子，物质生活无忧，家庭生活相对稳定，父母双亲都视为掌上明珠，已经满足了基本的生理需要、安全需要、归属和爱的需要。那么接下来就应该是满足尊重需要，但是孩子们的想法和需要并没有得到应有的尊重，而是将这一需要直接跨越过去，直接到达了自我实现的需求层次，这中间就出现了一个需求层次上的断层。而要让孩子自己来适应这个断层，自然是难上加难的，因此才会导致现在的孩子们童年不开心。如果每一位家长都能熟知马斯洛理论，并将其精髓充分领会，那么就会尊重孩子的喜好，遵循孩子的成长规律，而不是在孩子这个可以自由玩耍的年龄就要把他们打造成各个行业的大师。

最后，要适度追求各个层次的需要。马斯洛理论所提出的五个需求层次都是人类生理上和心理上所必需的，缺少了其中任何一个，生活都会显得黯然失色。同样，过犹不及，对每一个层次的需要都有强烈的欲求，也不是人们应该持有的态度。坚持适度原则，才是最明智的选择。对生理需要的欲求过盛，将会缩小自己身上的人性，而夸大了其动物性；而对心理需要的欲求过盛，将会影响个人的道德品质，使个体迷失在欲望的沟壑里而无法自拔。因此，对各个层次的需要保持适度的追求，才能让美妙的生活之花开得绚烂、长久。

定律19

洛克定律：

确定目标，专注行动

定律阐释

要想成功就要制定一个可行的目标。正像美国管理学家埃得温·A. 洛克说的那样：当目标既是未来指向的，又富有挑战性的时候，它便是最有效的。

有目标才会**成功**

目标，是赛跑的终点线，是跳高的最高点，是篮圈，是球门，是一个人要做一件事所要达成的自己，是奋斗的方向。没有目标，人就会变成没头的苍蝇，盲目而不知所措；没有目标，你终会因碌碌无为而悔恨；没有目标，你就很难与成功相见。

人要有一个奋斗目标，这样活起来才有精神、有奔头。那些整天无所事事、无聊至极的人，就是因为没有目标。从小就要为自己的人生制定一个目标，然后不断地向它靠近，终有一天你会达到这个目标。如果从小就糊里糊涂，对自己的人生不负责任，没有目标、没有方向，那这一生也难有作为。每个人出门都会有自己的目的地，如果不知道自己要去哪里，漫无目的地闲逛，那速度就会很慢；当你清楚你自己要去的地方，你的步履就会情不自禁地加快。如果你分辨不清自己所在的方位，你会茫然若失；一旦你弄清了自己要去的方向，你会精神抖擞。这就是目标的力量。所以说，一个人有了目标，才会成功。

要成为职场中的强者，我们首先就要培养自己的目标意识。古希腊彼得斯说："须有人生的目标，否则精力全属浪费。"

在这个世界上有这样一种现象，那就是"没有目标的人在为有目标的人达到目标"。因为有明确、具体的目标的人就好像有罗盘的船只一样，有明确的方向。在茫茫大海上，没有方向的船只能跟随着有方向的船走。

有目标未必能够成功，但没有目标的人一定不能成功。博恩·崔西说："成功就是目标的达成，其他都是这句话的注解。"顶尖的成功人士不是成功了才设定目标，而是设定了目标才成功。

目标是灯塔，可以指引你走向成功。有了目标，就会有动力；有了目标，就会有方向；有了目标，就会有属于自己的未来。

目标要"跳一跳，够得着"

目标不是越大越好、越高越棒，而是根据自己的实际情况，制定出切实可行的目标才最有效。这个目标不能太容易就能达到，也不能高到永远也碰不着，"跳一跳，够得着"最好。

这个目标既要有未来指向，又要富有挑战性。比如篮圈，定在那个高度是有道理的，它不会让你轻易就进球，也不会让你永远也进不了球，它正好是你努努力就能进球的高度。试想，如果把篮圈定在 1.5 米的高度，那进球还有意义吗？而如果把篮圈定在 15 米的高度，还有人会去打篮球吗？所以，制定目标就像这篮圈一样，要不高不低，通过努力能达到才有效。

曾经有一个年轻人，很有才能，得到了美国汽车工业巨头福特的赏识。福特想要帮这个年轻人完成他的梦想，可是当福特听到这位年轻人的目标时，不禁吓了一跳。原来这个年轻人一生最大的愿望就是要赚到 1000 亿美元，超过福特当时所有资产的 100 倍。这个目标实在是太大了，福特不禁问道：“你要那么多钱做什么？”年轻人迟疑了一会儿，说：“老实讲，我也不知道，但我觉得只有那样才算是成功。”福特看看他，意味深长地说：“假如一个人果真拥有了那么多钱，将会威胁整个世界，我看你还是先别考虑这件事，想些切实可行的吧。”5 年后的一天，那位年轻人再次找到福特，说他想要创办一所大学，自己有 10 万美元，还差 10 万美元，希望福特可以帮他。福特听了这个计划，觉得可行，就决定

帮助这位年轻人。又过了 8 年，年轻人如愿以偿地成功创办了自己的大学——伊利诺伊大学。

所以说，如果一个人的目标定得过大，听起来很空洞，没有一点儿可行性，那这个目标只是一个空谈，永远没有可以兑现的一天。

千里之行始于足下，汪洋大海积于滴水，成功都是一步一步走出来的。当然也有人一夜暴富，一下成名，但是谁又能看到他们之前的努力与艰辛。在苏联著名生理学家巴甫洛夫临终前，有人向他请教成功的秘诀，巴甫洛夫只说了八个字："要热忱，而且慢慢来。""热忱"，有持久的兴趣才能坚持到成功；"慢慢来"，不要急于求成，做自己力所能及的事情，然后不断提高自己，不要妄想一步登天，要为自己定一个切实可行的目标，有挑战性又能达到，不断追求，走向成功。

我们要根据自己的实际情况，制定自己"跳一跳，够得着"的目标。首先要对自己的实际情况有一个清晰的认识，对自己的能力、潜力以及自己的各方面条件都有一个明确的把握，经过仔细考虑定出属于自己的奋斗目标。有些人之所以一生都碌碌无为，是因为他的人生没有目标；有些人之所以总是失败，是由于他的目标总是太大太空、不切实际。因此，想要成功，就要先为自己制定一个奋斗目标——属于自己的"跳一跳，够得着"的奋斗目标。

定律20

瓦拉赫效应：成功，要懂得经营自己的长处

定律阐释

瓦拉赫效应，指人的智能发展都是不均衡的，都有智能的强点和弱点，人一旦找到自己的智能最佳点，使智能潜力得到充分的发挥，便可取得惊人的成绩。

经营自己的长处，**让人生增值**

曾有一个叫奥托·瓦拉赫的人，中学时父母为他选了文学之路，可一学期下来，老师给他的评语竟为："瓦拉赫很用功，但过分拘泥，这样的人即使有着完美的品德，也绝不可能在文学上发挥出来。"无奈，他又改学油画，但这次得到的评语更令人难以接受："你是绘画艺术方面的不可造就之才。"面对如此笨拙的学生，大多数老师认为他已成才无望，只有化学老师觉得他做事一丝不苟，这是做好化学实验应有的品格，建议他试

学化学。谁料，瓦拉赫的智慧火花一下子被点燃了，并最终成了诺贝尔化学奖的得主……

这就是人们广为传颂的瓦拉赫效应。

比尔·盖茨，这位赫赫有名的世界级成功典范，令无数的人仰慕不已。他的成功，与他把握住未来的大趋势，尤其是懂得经营自己的强项密不可分。

事实上，盖茨一开始就与伙伴保罗·艾伦看到了个人电脑将改变整个世界的趋势，他们两个人经常通宵达旦地探讨个人电脑世界将会是什么样子，对这场革命的到来深信不疑。对于初出茅庐的微软来说，“它将到来”是他们的坚定信念，而他们为这将要到来的计算机时代开发软件。虽然他们没想到他们的公司能迅速跻身于世界舞台的前列，并发挥着超凡的作用，但当时他们至少窥见了IBM或数字设备公司这样的主板生产公司已陷入他们自身无法意识到的困境了。“我记得从一开始我们就纳闷，像数字设备公司这样的微机生产商生产出的机器功能强大而价格低廉，那么他们的发展前景在哪里呢？”“IBM的前景又在哪里呢？在我们看来，他们好像把一切都弄糟了，而且他们的未来也将是一团糟。我们对上帝说，天啊，这些人怎么能不警觉呢？他们怎么能不震惊害怕呢？”

盖茨的技术知识是微软所向披靡的成功秘诀中最重要的一条，而这也正是他的核心强项，他始终保持着对这一领域的决定权。在许多时候，他比他的对手更清楚地看到了未来科技的走势。

不言而喻，微软公司今日的成功，很大程度上得益于盖茨准确的市场定位和产品的推陈出新。人们公认微软公司的成功是由于不停地创新，而盖茨对未来形势的精确分析和其独有的战略眼光，以及对自己强项的经营程度，不仅为微软公司的员工，也为其对手所称道。

这一切，也正是瓦拉赫效应的典型体现，幸运之神就是那样垂青于忠于自己个性长处的人。正如松下幸之助所言：人生成功的诀窍在于经营自己的个性长处，经营长处能使自己的人生增值，否则必将使自己的人生贬值。

承认缺憾，弥补缺陷

在美国某个学校的一间教室里，坐着一个八岁的小孩，他胆小而脆弱，脸上经常带着一种惊恐的表情。他呼吸时就好像别人喘气一样。

一旦被老师叫起来背诵课文或者回答问题，他就会惴惴不安，而且双腿抖个不停，嘴唇也颤动不安，他的回答自然时常含糊而不连贯，最后，他只好颓废地坐到座位上。如果他能有副好看的面孔，也许给人的感觉会好一点儿。但是，当你向他同情地望过去时，你一眼就能看到他那一副实在无法恭维的龅牙！通常，像他这种小孩，自然很敏感，他们会主动地回避多姿多彩的生活，不喜欢交朋友，宁愿让自己成为一个沉默寡言的人。但是，这个小孩却不如此，他虽然有许多的缺憾，然而同时，在他身上也有一种坚韧的奋斗精神，一种无论什么人都可具有的奋斗精神。事实上，对他而言，正是他的缺憾增强了他去奋斗的热忱。他并没有因为同伴的嘲笑而使自己奋斗的勇气有丝毫减弱，相反，他使经常喘气的习惯变成一种坚定的声响；他用坚强的意志咬紧牙根，使嘴唇不再颤动；他挺直腰杆，使自己的双腿不再战栗，以此来克服他与生俱来的胆小和众多的缺陷。

这个小孩就是西奥多·罗斯福。

他并没有因为自己的缺憾而气馁，相反，他还千方百计把它们转化为自己可以利用的资本，并以它们为扶梯爬到了荣誉的顶峰。他用一种方法战胜了自己的缺憾，这种方法是大家都可以用得上的。到他晚年时，已经很少有人知道他曾经有过严重的缺憾，他自己又曾经如何惧怕它。美国人民都爱戴他，他成了美国有史以来最得人心的总统之一。

盖茨说："我们尊敬罗斯福，同时，也希望我们能像他一样，为改变自己的命运做些努力。如果我们尝试着去做一件还有点价值的事，假如失败了，我们便借故来掩饰自己，那么

我们就是在以自己的缺憾为借口了。”缺憾应当成为一种促使自己向上的激励机制，而不是一种自甘沉沦的理由，它暗示你在它上面应当做一点儿努力。

重要的并不在于你所做的是什么事，而在于你应当采取某种行动。最不可取的态度是一点事情都不去做，一味让自己躲藏在困难的后面，动不动就被困难吓倒，这很容易让自己滋生一种自卑感，久而久之，就什么事情都不敢去做了。

不言而喻，真正懂得经营自己强项的人是十分明智的，但同时，我们也要学会承认缺憾、弥补缺陷。

定律21

艾森豪威尔法则：

分清主次，高效成事

定律阐释

艾森豪威尔法则，又称四象限法则，指处理事情应分主次，确定优先的标准是紧急性和重要性，据此可以将事情划分为必须做的、应该做的、量力而为的、可以委托别人去做的和应该删除的这五个类别。

做事分等级，先抓“牛鼻子”

我们常常会看到这样的现象：一个人忙得团团转，可是当你问他忙些什么时，他却说不出个具体来，只说自己忙死了。这样的人，就是做事没有条理性，一会儿做这一会儿做那，结果没一件事情能做好，不仅浪费时间与精力，更没什么成效。

其实，无论在哪个行业、做哪些事情，要有成效，做事过程的安排与次序非常关键。

在行动之前，一定要懂得思考，把问题和工作按照性质、情况等分成不同等级，然后巧妙地安排完成和解决的顺序，这样才能收到事半功倍的成效。

这就是艾森豪威尔原则的明智之处。它告诉我们，做事前需要科学地安排，要事第一，先抓住“牛鼻子”，然后再依照轻重缓急逐步执行，一串串、一层层地把所有的事情拎起来，条理清晰，成效才能显著，不要眉毛胡子一把抓。在我们的工作和生活中，凡事都有本与末、轻与重的区别，千万不能做本末倒置、轻重颠倒的事情。

艾森豪威尔**原则分类法**

我们知道，做任何事情，只有事前理清事情的条理，排定具体操作的先后顺序，一切才能流畅地进行，并得到良好的收效。

在这方面，艾森豪威尔原则给出了一些具体的方法，可以帮助我们根据自己的目标，确定事情的顺序。

这一原则将工作区分为 5 个类别：

A：必须做的事情；

B：应该做的事情；

C：量力而为的事情；

D：可委托他人去做的事情；

E：应该删除的事情。

每天把要做的事情写在纸上，按以上 5 个类别将事情归类：

A：需要做；

B：应该做；

C：做了也不会错；

D：可以授权别人去做；

E：可以省略不做。

然后，根据上面归类，在每天大部分的时间里做A类和B类的事情，即使一天不能完成所有的事情，但只要将最值得做的事情做完就好。

同样的道理，把自己1～5年内想要做的事情列出来，然后分为ABC三类：

A：最想做的事情；

B：愿意做的事情；

C：无所谓的事情。

接着，从A类目标中挑出A1、A2、A3，代表最重要、次重要和第三重要的事情。

再针对这些A类目标，抄在另外一张纸上，列出你想要达成这些目标需要做的工作，接着将这份清单再分出ABC等级：

A：最想做的事情；

B：愿意做的事情；

C：做了也不会错的事情。

把这些工作放回原来的目标底下，再重新调整结构，规划步骤，接着执行。

这些又被称为“六步走方法”，即挑选目标、设定优先次序、挑选工作、设定优先次序、安排行程、执行。把这些培养成每天的习惯，长期坚持并贯彻下去，相信无数条理性的成功慢慢累积，将会使你拥有非常成功的人生。

现实生活中，很多时候，我们总觉得自己的身边有“时间盗贼”，没做多少事情，一天就匆匆过去。忙忙碌碌，年复一年，成就、业绩却寥寥无几。

有句老话说得好：“自知是自善的第一步。”要想改善现状，首先要找出问题的根源。此刻，请你仔细地考虑一下：到底是什么偷走了你的时间？是什么让你日复一日地感到时间的压力？想明白了这些问题，再拿起笔和纸，按照艾森豪威尔原则，开始规划你的每一天，让时间不再像以往那样在不知不觉中被偷走。

定律22

相关定律：

万事万物皆有联系

定律阐释

相关定律，指世界上的每件事情与其他事情都有一定的联系，没有一件事情是完全独立的。要解决某个难题，最好从其他相关的某个地方入手，而不只是专注在一个困难点上。

源自万事万物皆有联系的以此释彼智慧

哲学认为，万事万物皆有联系，世界上没有孤立存在着的事物。例如，水涨船高，说的是水与船的联系；积云成雨，说的是云与雨的联系；冬去春来，说的是冬季与春季的联系……

正是由于事物之间存在这种普遍联系，它们才会相互作用、相互影响。因此，一个问题的解决，往往影响到其周围与之相连的众多事物。这就为我们解决问题带来了很好的启发：在进行创造性思维、寻找最佳思维结论时，可根据其他事物的已知特性，联想到与自己正在寻求的思维结论相似和相关的东西，从而把两者结合起来，达到以此释彼的目的。在这方面，美国铁路两条铁轨之间标准距离的由来就是最好的例证。

美国的铁路两条铁轨之间的标准距离是 4.85 英尺。人们对于这个很奇怪的标准非常好奇。美国的铁路原先是由英国人建造的，所以采用了英国的铁路标准——4.85 英尺。

人们又问："英国人又为什么要用这个标准呢？"原来英国的铁路是由建电车的人所设计的，而 4.85 英尺是电车轨道所用的标准。

那电车的铁轨标准又是从哪里来的呢？原来最先造电车的人以前是造马车的，而他们则是沿用了马车的轮宽标准。

可马车为什么一定要用这个轮距标准呢？因为如果那时候的马车用任何其他轮距的话，马车的轮子很快会在英国的老路上撞坏。

而这又是为什么呢？因为这些路上的辙迹的宽度都是 4.85 英尺。

那么，这些辙迹又是从何而来的呢？答案是古罗马人所制定的，而 4.85 英尺正是罗马战车的宽度。

于是又会有人问："为什么会选择罗马战车的宽度呢？"因为在欧洲，包括英国的长途老路，都是由罗马人的军队所铺的，所以，如果任何人用不同的轮宽在这些路上行车的话，轮子的寿命都不会长。

最后，人们还会问："罗马人为什么以 4.85 英尺为战车的轮距宽度呢？”

原因很简单，这是两匹拉战车的马的屁股的宽度……

通过这个经典的实例，我们可以看出，人们想知道美国铁路两条铁轨之间的标准距离是根据什么设计出来的，并不是一下子就在马屁股上找到答案的，而是通过英国铁路、英国电车、马车、老路辙迹、罗马战车、罗马老路等一系列与该问题相关的事物，顺藤摸瓜，最终找到了想要的答案。

其实，由于万事万物无不处于联系之中，我们遇到问题，应学会发散思维，不要总揪住一个点不放，想不通时，不妨找些与问题相关联的事物，从这些相关处着手，利用以此释彼的智慧，往往会令你恍然大悟。

做人不要一根筋，**做事不要一条路走到黑**

生活中，我们常用一条路走到黑来形容那些一根筋或钻牛角尖的人。然而，在遇到难题的时候，我们又往往不自觉地成为一条路走到黑的傻瓜。那么，我们如何在难题面前不当傻瓜呢？

我们在日常生活中会遇到很多棘手的问题，这些问题往往让人不知如何处理。于是，有的人在困难面前驻足不前，绞尽脑汁也想不出什么好方法；而有的人转换思维，从与之相关的事情着手，很快使问题迎刃而解。

所以，我们平时要大力培养自己洞察事物间相关性的能力，抓住事物和问题的关键，合理利用相关定律寻求解决方法，不做一条路走到黑的傻瓜。要培养自己的洞察能力，一方面要虚心，绝不视任何主意为无用，倾听跟你不同的观点，任何人都有东西值得你学习；另一方面，训练你的思想来为你工作，让你的脑子做你要它做的事，而且当你要它做的时候才做。此外还要培养自己的好奇心，对不懂的事提出问题来，训练你的想象力。

定律23

奥卡姆剃刀定律：

把握关键，
化繁为简

定律阐释

奥卡姆剃刀定律，由英国奥卡姆的威廉提出来，指“如无必要，勿增实体”。在人们做过的事情中，可能大部分都是无意义的，而隐藏在繁杂事物中的一小部分才是有意义的。所以，复杂的事情往往可通过最简单的途径来解决，做事要找到关键。

简单，真正的大智慧

近几年，随着人们认识水平的不断提高，精兵简政、精简机构、删繁就简等一系列追求简单化的观念在整个社会不断深入和普及。根据奥卡姆剃刀定律，这正是一种大智慧的体现。

如今，科技日新月异，社会分工越来越精细，管理组织越来越完善化、体系化和制度化，随之而来的，还有不容忽视的机械化和官僚化，于是文山会海和繁文缛节便不断滋生。可是，国内外的竞争都日趋激烈，无论是企业还是个人，快与慢决定其生死。如同在竞技场上赛跑，穿着水泥做的靴子却想跑赢比赛，肯定是不可能的。因此，我们别无选择，只有脱掉水泥靴子，比别人更快、更有效率，领先一步，才能生存。换言之，就是凡事都要简单化。

很多人会问："简单能为我们带来什么呢？"看了下面的例子，我们自然就会明白。

有人曾经请教马克·吐温："演说词是长篇大论好呢，还是短小精悍好？"他没有正面回答，只是讲了一件亲身感受的事："有个礼拜天，我到教堂去，适逢一位传教士在那里用令人动容的语言讲述非洲传教士的苦难生活。当他讲了5分钟后，我马上决定对这件有意义的事捐助50元；他接着讲了10分钟，此时我就决定将捐款减到25元；最后，当他讲了1个小时后，拿起钵子向听众请求捐款时，我已经厌烦之极，一分钱也没有捐。"

从马克·吐温的例子中，我们发现，他通过自身的经历，向求教者说明：短小精悍的语言，其效果事半功倍；而冗长空泛的语言，不仅于事无益，反而有碍。

事实上，不仅语言如此，现实生活亦同样如此。这就要求我们要学会简化，剔除不必要的生活内容。这种简化的过程，就如同冬天给植物剪枝，把繁盛的枝叶剪去，植物才能更好地生长。每个园丁都知道，如果不进行这样的修剪，来年花园里的植物就不能枝繁叶茂。每个心理学家都知道，如果生活匆忙凌乱，为毫无裨益的工作所累，一个人很难充分认识自我。

为了发现你的天性，亦需要简化生活，这样才能有时间考虑什么对你才是重要的。否则，就会损害你的部分天资，而且极有可能是最重要的一部分。

那么，我们如何来实现这种简化呢？很简单，就是重新审视你所做的一切事情和所拥有的一切东西，然后运用奥卡姆剃刀定律，舍弃不必要的生活内容。

不论你正面临什么问题或困难，都应当思考这样一个问题："什么是解决这个问题或实现这个目标的最简单、最直接的方法？"你可能会发现一个简便的方法，为你实现同一目标节约大量的时间和金钱。记住苏格拉底的话："任何问题最可能的解决办法是步骤最少的办法。"正如奥卡姆剃刀定律所阐释的，我们不需要人为地把事情复杂化，要保持事情的简单性，这样我们才能更快、更有效率地将事情处理好。

在现实生活中，当遇到问题时，我们要勇敢地拿起奥卡姆剃刀，把复杂事情简单化，以选择最智慧的解决方案。

剃掉复杂，切勿乱删

相传，有位科学家带着自己的一个研究成果请教爱因斯坦。爱因斯坦随意地看了一眼最后的结论方程式，就说："这个结果不对，你的计算有问题。"科学家很不高兴："你过程都不看，怎么就说结果不对？"爱因斯坦笑了："如果是对的，那一定是简单的，是美的，因为自然界的本来面目就是这样的。你这个结果太复杂了，肯定是哪里出了问题。"

这个科学家将信将疑地检查自己的推导，果然如爱因斯坦所言，结果不对。

也许你认为奥卡姆剃刀只存在于天才的身边，其实，它无处不在，只是有待人们把它拿起。当我们绞尽脑汁为一些问题烦恼时，试着摒弃那些复杂的想法，也许会立刻看到简单的解

决方法。人生的任何问题，我们都可以运用奥卡姆剃刀。奥卡姆剃刀是最公平的，无论科学家还是普通人，谁能有勇气拿起它，谁就是成功的人。

越复杂越容易拼凑，越简单就越难设计。在服装界有“简洁女王”之称的简·桑德说：“加上一个扣子或设计一套粉色的裙子是简单的，因为这一目了然。但是，对简约主义来说，品质需要从内部来体现。”她认为，简单不仅仅是摈除多余的、花哨的部分，避免喧嚣的色彩和烦琐的花纹，更重要的是体现单纯、质朴、毫不造作。

但需要注意的是，这里所谓的简单，不是乱砍一气，而是在对事物的规律有深刻的认识和把握之后的去粗取精、去伪存真。

一个雕刻家能把一块不规则的石头变成栩栩如生的人物雕像，是因为他胸中有丘壑。如果你抓不住重点，找不到要害，不知道什么最能体现内在品质，运用剃刀的结果只能是将不该删除的删除了。

所以，我们要合理地使用奥卡姆剃刀，不能盲目。例如，IBM在电脑产品营销中具有得天独厚的优势，如其前CEO郭士纳所指，他们具有非常有优势的集成能力。然而，其广告宣传语却将这一点删掉了，留下推广小型电脑的“小行星问题的解决方法”。结果，IBM自然未能凭这则广告获得区别于其他电脑的地位。可见，没有什么比删掉自己的优势更可悲了。

所以，我们使用奥卡姆剃刀时，要将其用在恰当的位置上，而不是盲目乱删。

定律24

基利定理：

失败是成功之母

定律阐释

基利定理，由美国多布林咨询公司集团总经理拉里·基利提出，指每个人要想干出一番惊人的业绩，一定要具有面对失败坦然自如的积极态度，千万不可一遭挫折便落荒而逃。否则，你永远都会与成功无缘。

坦然面对失败就是成功

失败是我们人生经历最多的课题，怎么逃也逃不过的仇敌。但如果你坦然地面对了这个课题，你会发现这不是个无解的方程式；如果你直面了这个仇敌，你会发现它可以让你学到很多东西。失败，就像黎明前的黑暗，与成功只差那一瞬间，只要挺过去了，那么你就能够看到属于你的光辉黎明。

奥城良治，一个连续 16 年荣获日本汽车销售冠军的伟大推销员，他之所以能取得如此骄人的成绩，只源于小时候的一次偶遇。在奥城良治还是个小孩的时候，有一次在田埂间看到一只瞪眼的青蛙，就调皮地向青蛙的眼睛撒了一泡尿。之后，却发现青蛙的眼睛非但没有闭起来，而是一直张着眼瞪着他。他很惊讶，这奇特的一幕给他留下了深刻的印象。但没想到，这一幕竟成了他成功的秘诀。若干年后，他做了一名推销员，每当遭到客户拒绝时，他就会想起童年时那只被尿浇也不闭眼的青蛙。于是，他就像那只青蛙一样，面对客户的拒绝，总是逆来顺受，张眼面对客户，从不惊慌失措。

客户的拒绝对于推销员来说，就是最大的失败。而奥城良治从不逃避，而是坦然面对，这是他从青蛙那儿学来的，我们也应该从他那里学来。

男子 100 米和 200 米两项世界纪录的保持者尤塞因·博尔特，在国际田联钻石联赛斯德哥尔摩站的 100 米比赛中败给了盖伊。这是他两个赛季以来的首次败绩，但博尔特认为，这次失败并没有给他造成什么震动。他谈道："我（对比赛失利）并不惊奇，这只是一场失败而已。我早说过，如果有谁想战胜我，最好就是赶在今年。"这种坦然面对失败的态度，让人相信尤塞因·博尔特在以后的比赛中还会再创佳绩。因为，这种坦然面对，就是下一次成功的征兆。

一个人是否活得丰富不能看他的年龄，而是要看他生命的过程是否多彩，还要看他在体验生命的过程中是否能把握住机会。人生的机会通常是有伪装的，它们穿着可怕的外衣来到你的身边，大多数人会避之不及，但那些具有独特素质的人却能看到其本质并抓住它们。这些素质中最重要的就是承受失败的能力和勇气。

在你成长的过程中，会遭遇很多的失败，但最好的机会往往就藏在这些失败背后。懂得坦然面对挫折和失败，并把它变成你的一种常态，这样你就离成功不远了，或者说这本身就是一种心理的成功。一个人可以从生命的磨难和失败中成长，正像腐朽的土壤上可以生长鲜活的植物一样。土壤也许腐朽，但它可以为植物提供营养；失败固然可惜，但它可以磨炼我们的心智和勇气，进而创造更多的机会。只有当我们能够以平和的心态面对失败和考验时，我们才能收获成功。而那些失败和挫折都将成为生命中的无价之宝，值得我们在记忆深处永远收藏。

经过失败才能**走向成功**

当代最具影响力的激励演讲家安东尼·罗宾曾说过："成功很难，但不成功更难，因为你要承受一辈子的失败。""这世界没有失败，只有暂时停止成功，因为过去并不等于未来。"所以，失败只是暂时的，只是走向成功的一条必经之路，或者说是成功之路上的一段过程。走过它，你就会拥有成功。

人生的 99% 都是失败，所以每当你干一件事的时候，失败可能随时伴随着你。如果你害怕失败，那么你就将一事无成。每一个做父母的都知道，孩子不摔几跤是学不会走和跑的。所有人都是这样摔着长大的，你也不例外。人生就逃不开失败，只有在失败中，你才能真正学到本领。想长大成人，想实现梦想，那么就必须记住："失败是成功之母！"

对于成功和失败，我们应该客观看待。它们不是一对不可调和的矛盾体，而是可以互相依存的，我们只有经历过失败才能体会到成功的珍贵，也只有在成功后才会知道失败的意义。成功的前面是用失败砌成的台阶，如果没有这一层一层的台阶，我们可能永远待在原地，无法迈出任何一步。成功是失败永远的灯塔，只有在历经艰难困苦后，才能找到正确的方向去接近灯塔，获得光明。正如歌里所唱的那样："不经历风雨，怎么见彩虹，没有人能随随便便成功。"失败过后，只要我们永不放弃，最终会见到美丽的彩虹。失败不要紧，重要的是不要失去信心，这一次失败，可以换来下一次的成功。

数学上有名的平行公理，从它问世以来，一直遭到人们的怀疑。几千年来，无数数学家致力于求证平行公理，但都失败了。数学家波里埃虽终身从事对平行公理的求证，但最终也不得不成为那失败者中的一员。似乎平行公理根本无法证明。但罗巴切夫斯基在经过 7 年求证而毫无结果后，潜心思考找到了失败的原因，从而取得了成功。

虽说“失败是成功之母”，但是要把失败转化为成功，还必须经过不断的探索和分析，找到失败的原因，吸取其中的教训，指导今后的工作，这样才能让失败成为成功之母。

应该说，失败不可怕，它是通向成功的桥梁；失败不可悲，它意味着你又有了重新开始的理由。因此，当一切可能的失败都尝试过之后，拥抱你的一定是成功。成功者之所以成功，只不过是他不被失败左右而已。不允许失败，无异于拒绝成功。

定律25

韦特莱法则：

先有超人之想，才有超人之举

定律阐释

韦特莱法则，由美国管理学家韦特莱提出，旨在告诉我们，没有人能随随便便成功。那些取得成功的人，做的往往是别人不愿做的事情。敢想别人不敢想的，才能做别人不能做的。

敢于想象，**才能有惊人之举**

有这样一句话："思想有多远，你就能走多远。"其中的道理很简单——先要敢想，才能做大事。换而言之，先有超人之想，才有超人之举。

生活中，大人都喜欢问小孩一个问题：长大后想要做什么？这是一个关于梦想的问题，更是测试志向的问题。如果小孩回答以后想要做国家主席、科学家或富豪之类的，大人会说他有志气、有出息。敢于为自己设计远大的理想，才能成就大事业。

像周恩来总理，从小就有“为中华崛起而读书”的远大志向，最终也为中华的崛起做出了巨大的贡献。一个人要想成功，就要敢于想象。

这个想象，不是空想，是一种自信，是一种勇敢。每个人都想成功，但很多人都缺少这种自信和勇气，而那些成功的人往往多的也就是这点自信和勇气。就像在美国历史上颇有作为的林肯总统，在被记者问到他之前的两届总统之所以没有签署《解放黑奴宣言》是不是要留给他来成就英名时，他说道：“可能有这个意思吧。不过，如果他们知道拿起笔需要的仅是一点勇气，我想他们一定非常懊丧。”一个人之所以没有成功，缺少的往往不是机会，而是敢于把握机会的勇气。林肯敢于把握机会，最终名扬天下，而他之前的两任总统却因缺乏勇气而“错失了良机”。

“敢想敢干”，是成功者的评语中出现频率最高的词之一，没有想法就不会有作为。人生就好比一个“梦工厂”，没有大胆的想象，就不可能有惊人的举动。激烈的竞争，从来不容许懦夫成功。那些取得成功的人，与你没什么两样，如果说有区别的话，那就是他们想了你不敢想的事，做了你不敢做的事。

勇于做别人**不愿意做的事**

孟子曰：“故天将降大任于斯人也，必先苦其心志，劳其筋骨，饿其体肤，空乏其身，行拂乱其所为，所以动心忍性，曾益其所不能。”就是说，能成就大业的人，都要经历一个痛苦的过程，出乎意外，才能得乎意外。就像美国管理学家韦特莱提出的韦特莱法则：成功者所从事的工作，是绝大多数的人不愿意去做的。所以许多时候，他们的成功只是因为他们做了许多人不以为然的、不愿意去做的事情而已。

老子云：“天下难事，必作于易。”这句话的意思是说，天底下最难的事都是从最容易的事开始做起的。 所以，想要成功，就从别人不愿意做的事做起吧。

如果你现在有追求成功的念头，那么，就从身边最简单的、别人不愿意做的事做起吧。

定律26

布利斯定理：

凡事豫则立，不豫则废

定律阐释

布利斯定理，由美国行为科学家艾得·布利斯提出，指用较多的时间为一次工作做事前计划，那么做这项工作所用的总时间就会减少。

事前想清楚，**事中不折腾**

“凡事豫则立，不豫则废”，是《礼记·中庸》里的一句话，这里的“豫”，是预先的意思。讲的是：不论做什么事，事先做好准备就能成功，不然就会失败。原文后面还有四句：“言前定则不跲，事前定则不困，行前定则不疚，道前定则不穷。”这是对“凡事豫则立，不豫则废”的展开，讲的是：说话先有准备，就不会理屈词穷，站不住脚；做事先有准备，就不会遇到困难挫折；行事前计划先有定夺，就不会发生错误后悔的事；出发前规划好方向，就不会迷失。

这是我国先哲在几千年前说的道理，而这个道理在今天依然很适用。俗话说得好，“不打无准备之仗”，无论做什么，都要提前做好准备，这样才有可能达到期望的目的。如果总想着临场发挥,很可能会发生现场“抓瞎”的局面。所谓“胸有成竹，方能妙笔生花”，道理亦是如此。

美国著名的成功学大师安东尼·罗宾斯曾经提出过一个成功的万能公式：

成功＝明确目标＋详细计划＋马上行动＋检查修正＋坚持到底

从这个公式我们可以看出明确目标和详细计划的重要性。明确目标和详细计划都属于事前的计划，而事前的计划可以帮我们对自己的设想进行科学的分析，预见我们的设想是否可以实现。

同时，在做计划的过程中，也是在梳理自己实现设想的思路和方法，这可以大大节省我们的宝贵时间，同时减轻压力。

美国的几个心理学家曾做过这样一个实验：

组织3组学生分别进行不同方式的投篮技巧训练。第一组在20天内每天练习实际投篮，并把第一天和最后一天的成绩记录下来；第二组学生也记录下第一天和最后一天的成绩，但在此期间不做任何练习；第三组将第一天的成绩记录下来，然后每天花20分钟做想象中的投篮，如果投篮不中时，他们便在教练的指导下在想象中做出相应的纠正。

实验结果表明：第二组的投篮技巧在20天里没有丝毫长进，

第一组进球率上涨了 24%，第三组进球率上涨了 26%。心理学家们由此得出结论：行动前进行头脑热身，构思要做之事的每个细节，梳理心路，然后把它深深铭刻在脑海中，你做这件事的时候就会得心应手。

这个实验要讲的其实还是计划的重要性。一个人做事如果没有计划，行动起来就会像一只迷途的羔羊，到处乱撞，以致伤痕累累；如果事前拟定好了行动的计划，梳理通畅了做事的步骤，做起事来就会应付自如、迅速高效。

计划，是指引我们前进的明灯，是我们赢得成功的时间表。万事有计划，方向才会明确，目标才不会落空，学习、工作、生活都要有计划。计划很重要，制订合理的计划更重要。无论是制订哪方面的计划，都要从个人的实际情况出发，从现实的环境基础入手，切忌“空大高”。目标定的很高，计划要求很严，但是都是一些自己完不成的任务，这样的计划订了也是白订。

所以，在人生的漫漫长路上，你走的每一步都要有计划、有准备，这个计划和准备必须从自己的实际出发。

成功属于有计划的人

有一个关于毛毛虫吃苹果的故事：

有 4 只毛毛虫，都在为吃到大苹果而各显神通。为了能够吃到大苹果，第一只毛毛虫跟随着大众的足迹，辛苦一生，却并不知道自己在做什么；第二只毛毛虫以吃到大苹果为“虫生目标”，为此它不懈努力，但最终也只是找到了一个酸酸的小苹

果；第三只毛毛虫拥有一个望远镜，但大苹果却因为它的犹豫而被其他虫捷足先登；第四只毛毛虫，因为有详尽的计划，最终吃到了属于它的大苹果！

人生在世，成功很难，而且成功往往眷顾那些有计划、有准备的人。很多人认为花那么长的时间做计划，简直就是浪费时间，立马投入工作会有更好的效果。所谓“知己知彼，百战百胜”，做计划就是一个自我剖析和形势分析的过程。没有这个过程，那么你在行动中肯定会浪费更多的时间。做一个清晰的计划，就是为了能在行动中节约更多的时间，减少更多的错误，让自己的人生不虚度、时间不白流。明白这个道理的人，懂得为自己的生活做规划的人，往往离成功就不远了。有句话说得很对：“成功往往属于有计划的人！”

现在越来越多的人开始炒股，在股市你会有一种感觉，那就是赚钱慢，而赔钱快。细想想道理也很简单，假如有 1 万元资金，要把 1 万变成 2 万，股票必须有 100% 的升幅，但从 2 万到 1 万却只需要跌 50%。因此在炒股中账要细算，操作要有计划，切实可行的计划很重要。全球著名的投资人巴菲特说：“如果我们知道自己目前置身何处，并且事先知道自己将往何处去，我们可以更明确地判断做哪些工作，以及如何着手。”言浅意深，正说明了一只船在茫茫大海中不能失去灯塔的指引，否则就迷航了。同理，人也需要一座指引的灯塔，然而这座灯塔必须自己建造，那就是我们要制订计划。

一个人要对自己负责，每一天都应该活得充实和精彩。只有这样，才能不枉此生。怎样才能让我们的人生充实又精彩呢？

首要的就是为自己的人生做一个整体的安排和规划。有了人生的目标，我们就会朝着这个目标奋斗，一直坚持不懈地走下去。这样我们就会离自己的目标越来越近，总有一天会到达成功的彼岸。人生规划既是一个实现你终生目标的时间表，也是一个实现那些影响你日常生活的无数更小目标的时间表。人生规划的设计是要使你的注意力集中起来，在一个特定的时间范围里充分地利用你的脑力和体力。事实上，注意力越集中，脑力和体力的使用就越有效。人生规划可以合理地分配你的精力和时间，让你的人生不虚度，每一天都会有满满的精彩。

正如高尔基所说："不知道明天做什么的人是可悲的。"我们不应该做这种可悲的人，对于自己的人生、工作、学习都应该有一套切实可行的计划，要有每天的计划、每月的计划、每年的计划、10年的计划、一生的计划。

定律27

吉格勒定理：

有雄心才能成就梦想

定律阐释

美国行为学家J. 吉格勒说："设定一个高目标就等于达到了目标的一部分。"更进一步地说，一个拥有雄心壮志的人，最有可能取得成功。即一个有高远目标的人，即使达不到自己的目标，只要他不懈努力，最终也会有不小的作为。

起点高才能至高

古语"欲得其中，必求其上；欲得其上，必求其上上"，说的就是"起点高才能至高"的道理。制定一个远大的目标，即使没达到，但只要不断地向它努力，最终肯定也会有所作为。如果定的目标很低，对于一点小小的成绩就心满意足，这种人肯定干不了什么大事。高尔基说："目标愈高远，人的进步愈大。"有志向，才能谋大事。

有一首诗写道："我向人生索价，似乎多一分也不肯给。当我已没有富余，到黄昏就不得不去乞讨。人生是一个正直的雇主，你所求的他都会给。一旦你决定了多高报酬，你就必须肩负多少工作。我的工作是贱役，但我又惊奇地发现了一个事实：倘若我向人生索取高价，人生也会乐于付给。"

它旨在告诉我们：你向人生开多高的价码，你就会收获多高的报酬。人生就是这样，你为自己定了多高的目标，就会达到多高的位置。当然，你要付出相应的努力。

美国有一位志向高远的青年，即使穷困潦倒也不忘自己的梦想。当他全身上下的钱加起来还不够买一件像样的衣服时，他依然在为达成自己那看似高不可攀的目标而奔走。这个人就是西尔维斯特·史泰龙。

在他一文不名的时候，在他落魄无助的时候，他从未放弃过自己的目标——把自己的剧本拍成电影，由自己来当主演。当时的好莱坞有500家电影公司，他根据自己的路线与排列好的名单顺序，带着自己写好的剧本，一一前去拜访。第一次，全军覆没，500家电影公司全部拒绝。但是，史泰龙并没有灰心。他紧接着开始第二轮的拜访，又一次全部拒绝。他又开始第三轮拜访、第四轮拜访。终于在第四轮拜访中，他拜访的第350家电影公司的老板同意了他的要求。他的剧本拍成了电影，那就是获得1977年奥斯卡最佳影片奖和最佳导演奖的《洛奇》；他也作为主演，成了日后无人不知的大明星。

试想，如果当时史泰龙对自己有一点儿怀疑，认为自己不配拥有如此"空洞"的梦想，那么他永远也不可能会成为明星，他的剧本也永无面世之日。

因此，无论你身在何处、地位如何，都要有远大的目标、高远的志向，然后不顾一切地为之努力，那么你终有一天会守得云开见月明。

做人要有**雄心壮志**

“燕雀安知鸿鹄之志哉”“王侯将相宁有种乎”，这两句话，是推翻秦朝的呐喊，更是雄心壮志的彰显。两千多年前，陈胜，一个将死之人，竟能说出如此鼓舞人心的话语，可见此人并非等闲之辈。果真，陈胜所领导的起义最终引发了强大的秦王朝的覆灭。虽然不是他一人之力，虽然他没有亲眼看到最终的胜利，但是如果没有他的号召、他的雄心，也不可能有秦朝的迅速灭亡。一个人要有雄心壮志，只有这样才能成就大事。

西楚霸王项羽，就是个从小有雄心壮志的人。小时候，他不好好学习，叔父项梁骂他，他竟回道：“学文不过能记住姓名，学武不过能以一抵百，籍要学便学万人敌！”这是何等的壮志！一次秦始皇出巡，在渡浙江（钱塘江）时被项羽看到，他见其车马仪仗威风凛凛，便对项梁说：“彼可取而代之。”这又是何等的雄心！虽然由于性格等多方面原因，他没有取得最后的胜利，但是他终究灭了秦朝，成了名传千古的西楚霸王。

秦始皇雄心勃勃，要统一六国，经过不懈努力，终成大业。成吉思汗立下雄心要统一蒙古草原，结果不仅统一了草原，还马踏欧亚大陆，成为当时世界上最强大的统治者。孔子推崇“以仁治国，有教无类”，虽历尽磨难，却从未放弃，最终成为中国历史上最有影响力的思想家和教育家。陈景润立志要攀上数学的高峰，终以对哥德巴赫猜想的卓越贡献受到世界的敬仰。鲁迅弃医从文，立志要用手中的笔与敌人战斗，于是他成了我国近现代影响最大的文学家之一。古往今来，各行各业有所成就的人，哪个不是拥有雄心壮志的人？

现在的卑微不代表你就不能拥有成功的光辉，只要你有雄心壮志，并为之付出努力，皇天是不负有心人的。

中国有句古话叫：“人人皆可为舜尧。”土耳其有句谚语说：“每个人的心中都隐伏着一头雄狮。”曾征服欧洲的拿破仑道：“不想当将军的士兵就不是好士兵。”这些名言都讲了一个道理：做人要有雄心壮志，没有雄心壮志就很难有大作为。

每个人都可以取得成功，只是看你想不想、愿不愿意。只要你立志要取得某方面的成功，并为之不懈地努力，那么你肯定会收获胜利的果实。总之，人无论身在何处、生在何时，都要胸怀雄心壮志。

定律28

保龄球效应：

成功始于正确的定位

定律阐释

保龄球效应，指的是在打保龄球的时候，并不是击倒一个瓶就可以把所有的瓶打倒，除了力量之外，选好入球的位置更为重要。与之类似，人若想要取得成功，也一定要找准自己的位置，即成功始于正确的定位。

找准位置是成功的关键

有一个公司，由于经营不善，破产倒闭，被另一家公司兼并整合。年轻的张经理和他刚刚招收进公司的一名大学生同时被整合到新公司的一个部门，干起了同样的工作。

张经理因为干过领导，颐指气使惯了，不论是对待一同过来的大学生员工，还是对待新公司中的其他同事，总是一副领导的口气和表情，这使他的人际关系越来越差，许多同事都敬而远之，不愿看他那副依然盛气凌人的样子。时间一长，张经理就成为孤家寡人，因别人不愿意接近他、帮助他，使得他的工作业绩也是越来越差。

那位大学生员工由于刚刚进入企业，表现得特别谦虚好学，也特别平易近人和乐于助人，很快就和新公司的同事们打成了一片，业务技能不断提升，业绩也越来越好。

一年后，张经理因业绩下降、群众关系不好，在年度考评中未能通过考核，被新公司领导按规定调整待岗培训；而那位大学生员工因为表现出色、业绩突出，群众关系好，考核为优，被新公司破格晋升为部门经理。

一日，张经理和那位大学生员工走到了一起，张经理不解地对那位大学生员工说："你只是一名刚刚出道的大学生，论经验、论阅历、论关系、论职务、论素质，你都比不上我，可为什么我们俩一同进入这个公司，一年后，你提升了，我反倒下岗了呢？！"那位大学生沉思了一下，意味深长地说了一句话："也许，主要是因为我找准了自己的位置。"

张经理因为习惯了高高在上，在突如其来的工作变动后，没有给自己进行很好的定位；而那位大学生刚从大学校园里走出来，能够从基础工作做起，踏实肯干，毫无怨言，自然在新公司做得得心应手。两个职场人不同的经历，可以说是保龄球效应的典型体现。

在打保龄球的时候，只有打在合适的位置上，才能够顺利将所有的瓶击倒。生活中也一样，人们要选择最适合自己的位置，因为位置的选择是成功的关键。

保龄球效应中的**成功启示**

保龄球效应虽然来源于一项运动，但是它却给人们如何成功带来很多启示。要想打好人生中的“保龄球”，走向成功，人们要注意以下两个方面。

一方面，一个人要想使自己的才干得到充分的发挥，就要善于选择有利于自己发展的位置。最好的位置不一定就是适合自己的，要坚信适合自己的位置才是最好的。

雄鹰注定要与蓝天为伴。它虽为猛禽，有着锋利的爪和喙，但不能与狮子对抗。它属于天空，只有在天空才找得到它生存的位置，才找得到它的价值。

世间万物都有自己的位置，它们都需要适合自己的位置。就连垃圾也不例外，环保学家反复对世人说，垃圾是放错了地方的资源。

鲁迅如果当初从了医，那太可惜了——他能救治一个个肉体上有病的国人，却不能救治精神上病魔缠身的国人。他弃医从文后唤醒和激励了一个又一个革命者，更为后人留下了无法估量的精神财富和文化遗产。可以说，正确选择自己的位置造就了鲁迅。

另一方面，如果无法改变自己的位置，那么就应该根据不同的位置调整自己的策略。

传说商朝末期，有个叫姜尚（字子牙，号太公）的有识之士，因不满于当时的黑暗政治，隐居在渭水边上，但又很想有朝一日能实现自己的政治抱负。他常常在渭水边钓鱼，钓法很奇特，鱼钩是直的，放在离水面三尺以上的地方，钩上没有鱼饵。过路人看到他这样垂钓都暗暗发笑，他却一本正经地说："愿者上钩来。"后来周文王打猎来到渭水边，与姜太公谈得很投机，就请他做了国师。最终姜太公辅佐周文王、周武王消灭了商朝。姜太公在不得志的时候，没有怨天尤人，而是适时调整策略，韬光养晦，积蓄实力，耐心等待时机的到来。

没有人因为平凡而注定平庸，只要找准自己的位置，平凡的岗位一样会有生命的亮色，平凡的付出一样可以汇聚成江海。每个人都是自己的英雄，找准位置，你会像蛟龙掠过浅滩小河，到浩瀚的海洋上击水三千；你会像大鹏飞越平地低空，在苍茫的天宇中扶摇直上。

找准位置，绽放光彩。

定律29

培哥效应：

高效记忆，事半功倍

定律阐释

培哥效应，由语言学家帕尔默提出，实际上就是一种图像定位记忆法，即把需要记忆的材料进行编码，然后转化为生动具体的图像，再运用联想法、定桩法等方法来记忆它们。通过这种方法，把抽象复杂的记忆材料快速转化为生动具体的图像，从而被快速而且牢牢地记住，使记忆事半功倍。

好记忆力助成功一臂之力

古希腊的雄辩家们在进行演讲的时候，常常采用一种叫作“场所记忆”的方法。他们把自己家的每一部分与要演讲的主要内容结合起来，比如把要演讲的第一重点与正门相联系，第二重点与接待室相联系，第三重点与接待室中的椅子相联系。在进行演说时，按自己家中的物品顺序想下去，就能把演说的重点回忆出来。无独有偶，在一次中央电视台举办的春节联欢晚会上，锦州记忆研究所一位记忆术表演者，向观众展示出惊人的记忆力，就像魔术一样神奇，获得了观众的喝彩。他的表演过程是这样的：在舞台中央立一块黑板，写好阿拉伯数字，让观众随便说一些词句、人名、地名、诗歌以及刚表演过的节目、数字、公式、外语单词、少数民族语言，说出的每项内容依数字顺序写下来。在整个过程中，表演者不看黑板，但他能把这些全记下来。不管是观众要求他讲出的任意一个数字号码的内容，还是要求他讲出内容的数字号码，他都能迅速地回忆出来，而且还能倒背出来。

人们或许都会觉得这是一位记忆高人，必须要拥有某种特异功能才可以如此出众，一举成名。其实，这其中并没有什么玄妙的魔力，他所运用的，就是学习中的培哥效应。

培哥记忆术很简单，它只要求把一系列名称编成号码记下，比如对自己喜欢的城市名称进行编号。如（1）北京（2）杭州（3）上海（4）大连（5）深圳（6）苏州（7）南京，熟练地记下来，做到一说（6）就很快地联想到苏州，一说（2）就联想到杭州。把这些编码固定下来，然后通过联想与需要记忆的材料相连接。

又比如要求你记住这样几个词：（1）鲤鱼（2）围巾（3）睡觉（4）彩电（5）汽车（6）书包（7）电脑。这样你就可以把鲤鱼与固定编码的“（1）北京”连接起来，联想到北京公园里的鲤鱼很漂亮。要记第五个词“汽车”时，把它与“深圳”产生联想，想象我家的汽车是从深圳买的。

通过这些联想、编码，记忆材料就不会变成沉重的负担。

因为，在想象的时候，人们会有意识地将想象的事物放大，在头脑中形成清晰的具象，从而提高记忆的效率。而且，培哥记忆是每个人都可以学到的一种记忆能力与方法，并不是属于少数的天才或者幸运儿。只要运用一些简单的联想编码的方式，就可以用这把钥匙轻松打开记忆宝库的大门。

轻松记忆不是梦

培哥效应的运用之所以能有效提高人们的记忆效率，是因为其方法的简单易行，并符合人们记忆的模式。当遇到一种事物和另一种事物相类似时，往往会从这一事物引起对另一事物的联想。把记忆的材料与自己体验过的事物联系起来，记忆效果就好。在具体实施的过程中，要注意以下几个方面：

第一，设置固定编码。培哥记忆的固定编码有很多种，你可以按照自己的喜好来设定。如，按照自己的朋友的名字编号，按公交车站点的名字编号，按水果的名称编号，等等。总之，选择你最易于联想到的东西作为固定编码的内容。

第二，进行编码联想。例如，要将“吃饭”和“上海”发生联想时，如果用“一个上海人在吃饭”，就很普通，没有什么特色，但如果想成“所有上海人都在吃饭”，就非常奇特，而且让自己也感到惊讶。又如，淝水之战发生于公元 383 年，由“淝”可联想到“肥胖”，由“肥胖”想到“胖娃娃”，而“8”字的两个圆正好是胖娃娃的头和身体，两个 3 则是两个耳朵。这样一想就记牢了。通过这样一对一的联想，就能记住这些词，而且

也比较深刻。

第三，经常训练。要想产生培哥效应，就必须经常训练，训练的次数越多，你的联想内容越丰富、生动、奇特，联想记忆的效果就越好。而且，训练的时间也可以灵活进行，不必拿出特定的时间段来练习，在上学的路上，在下课的休息时间，在睡前的几分钟，等等，都是适于进行培哥记忆的良好时段。

第四，灵活使用编码。当逐渐掌握了这种记忆技巧后，不仅在讲话中能用编码记忆，听别人谈话时也同样可以用编码记忆。听讲时有必要详细记住重点，这时，使用的编码要比演讲时多一倍左右。但熟练以后，只需少量的重点号码就行了，不需要逐句把学习内容都记忆下来，只要按顺序仔细记住要点就可以了。先把重点记住，再用自己的话去叙述，效果会更好。重点用编码记忆下来，回忆时更有把握，不至于半途短路。最后你发现自己不过只是利用一些数字编码来加强记忆而已。

使用培哥记忆术，记忆起来就会觉得妙趣横生，因为在记忆时，有趣的联想会使人们增加对学习的兴趣，促使我们主动去记忆，而主观上愿意去做的事情，就是一件轻松快乐的事。

定律30

杰奎斯法则：

不要试图一口吃成个胖子

定律阐释

杰奎斯法则由伦敦人力资源学院创始人之一埃里奥特·杰奎斯提出。他认为，人们在遇到问题时，不可急于求成，要先思考问题本身是否可以解决，如果可以，然后再考虑如何解决。从最开始就下定决心要解决存在的一切问题，这种观念本身就是一个错误。

没有答案的问题

有一位学者，去一所大学的文学院讲课，很多年轻的学子向他询问一个问题：自己的专业是文学，自己也爱好文学，但是在这个一切讲究金钱的时代，文学还有多少市场？文学还有前途吗？文学能够养家糊口吗？学者这样告诉青年学生们："我不知道这个问题的答案在哪里，但是，有一点是我能够确定的。

我坚信，不论你从事什么职业，只要你不是所在行业中的翘楚和精英，只要你不能够在你所在的领域有所成就，你都是没有什么前途的。”

一个正处在人生困惑中的青年人，曾经这样问他：“人活着有什么意义？人为什么活着？”学者回答说：“你问的问题太大了，这个问题你本来不需要费神考虑，你只需要考虑你现在遇到的问题就可以了。你的女朋友离开了你，你应该想到的是你们肯定是不合适在一起的，你考虑的问题是如何再找一个合适的。你现在的工作你不满意，你考虑的应该是如何努力改变自己的处境，找一个自己喜欢的工作。至于人活着有什么意义，那是哲学家们的事情，与你无关。”

这位学者的孩子问他一个关于时间的问题：“时间有始终吗？时间是怎么来的？”他告诉孩子：“这个问题没有答案，你不需要考虑这个问题。你只要考虑自己如何利用好每一天光阴，如何不虚度每一天时光就可以了。”

原来，我们身边有很多人每天都在关注着一些没有答案的问题，并为那些没有答案的问题而困扰着。看似蕴含着很高深的学问，实际上对自己没有什么意义可言。当一个人每天在考虑与自己无关的问题并试图找到答案的时候，其本身就无异于在浪费时间和生命。其实，有的问题本身就像是一个死结，根本没有办法将其顺利打开。所以，出现问题时，要先看问题的性质，没有必要做出回答时就搁置问题。

在生活中，很多人擅长解决各种各样的问题，这是让人佩服的，但不是最聪明的。因为有的时候，有的问题是没有答案的，如果一碰到问题就想也不想地马上下手解决，没有进行深思熟虑，那么很有可能到最后才发现是一个解不开的死结。这样，不仅浪费了时间和精力，也可能错过了解决其他事情的最佳时机。

第一时间无法解决，**另辟蹊径更智慧**

有一句老话叫"一把钥匙开一把锁"，似乎所有的问题都会有相应的方法去解决。但实际上，有的时候往往并非所有的问题都能够在第一时间内解决，想从最开始就把一切存在的问题都解决是不可能的。

那么，面对这种情形，我们除了苦恼于找不到解开的办法之外，还有更好的选择吗？以下几个选择可以作为借鉴与参考。

第一，不要固执地想要解开问题的死结，可以寻求别的方法来解决。

第二，学会果断地放弃。这种方法不仅充满了智慧，而且还能提高解决问题的效率。

杰奎斯法则可以有效地指导我们在日常生活中遇到的一些问题。最聪明的成功者的习惯是，当问题来临时，不必急于做出决策，并马上着手解决；相反，让头脑冷静一下，想一想问题出现的前因后果，并预测解决这个问题所需要的时间和资源，以及应该从哪里入手，这样将更有利于事态的发展。如果发现一时无法解决或者代价过高，那么就暂时搁置，另觅他径。有时候，没有结果的结果就是最好的结果，不采取措施的措施就是最好的措施。我们只有学会具体问题具体分析，这样才能少走弯路，所有的问题也才能够迎刃而解。

定律31

登门槛效应：

步步为营，借力使力

定律阐释

登门槛效应，指做事情要像攀登台阶一样，不能奢望一步登天，只有一步一步地前行才能最终到达想要去的地方。对于成功而言，如果登上了相应的“台阶”——借力使力，就如同坐上电梯。由易至难、由小到大地向别人提出请求，往往能够步步为营，最终实现借力的目的。

“得寸”才能“进尺”

在《战国策》中记载了这样一个史实：

齐国有个人叫冯谖，家里贫穷，不能解决温饱，便寄食到孟尝君门下。当时的孟尝君收留了许多有才能的门客，根据特长的不同，一般的门客饭食中有鱼，高一级的门客出行可以配车。冯谖初来乍到，孟尝君的仆人都没有太高看他。过了几天，冯谖就击剑而歌："我们还是回去吧，吃的食物中都没有鱼！"仆人告知孟尝君后，孟尝君便答应了他的要求。又过了几天，冯谖又击剑高歌："我们还是回去吧，出行的时候都没有车可以坐！"仆人又耐着性子转告了孟尝君，孟尝君想了想，又答应了他委婉的请求。所有人都以为这下他该满意了，谁知过了几天，他又击剑高歌："我们还是回去吧，我不能养活自己的家！"仆人生气地把孟尝君叫了过来，孟尝君问道："你的家中还有什么人吗？"冯谖答道："有年迈的母亲。"于是，孟尝君派人将其母亲接来，供给衣食，安排住宿。这下，冯谖再也不击剑高歌了。

冯谖也是巧妙地利用了登门槛效应，不是一步到位，而是将要求按照从低到高的顺序依次提出，步步为营，最终达到了自己的目的。当然，冯谖也并不只是一味索取，后来的事实也证明，冯谖的确是位人才，孟尝君地位的稳固与他有着密不可分的关系。

从历史的故事中回到现实中来，这种效应在生活中的应用也很多。每个人都希望自己能够获得成功，但是要想达到成功的彼岸，只靠自己一个人的力量是远远不够的，必要的时候，还要借助他人的力量助自己一臂之力。在这个过程中，就免不了要向一些人求助。于是，能否有效获得他人的帮助，就成了一个人走向成功的很关键的一步。想请别人做一件事，如果一下子提出全部请求，往往会让人家觉得太唐突，从而拒绝你的请求；而如果化整为零，先请他做开头的一小部分，再一点一点请他做接下来的部分，别人往往会想，既然都开始做了，就善始善终吧，于是就会帮忙到底。

求人先把握对方兴趣与心情的“门槛”

生活中，我们常会遇到这样的情况：在等公交车时，一些乞丐手里拿着一个很破的碗，在等车的人群中乞讨，但是很少有人给钱。每当那个乞丐走近的时候，人们的反应几乎是一致的，要不就是跟同伴聊天，假装没看见，要不就是转过身去。那个乞丐转了一圈之后，发现没有人给钱，便无趣地走开了。

人们通常会自动地忽视陌生人的请求。不过，研究发现，

对陌生人提出请求时，若能引起对方的兴趣，就很有可能会获得帮助。

有心理学家曾经做过一个有趣的实验：让一些女助手扮演乞丐，到大街上乞讨。在不打算引起路人注意的情况下，女助手提出的请求是："您能给我一些零钱吗？"或者是："您能给我一个 25 美分的硬币吗？"为了引起路人的注意，并且不至于让路人一下子就拒绝，另一组助手提出了不同寻常的请求："您能给我 17 美分吗？"或者是："您能给我 37 美分吗？"

结果表明，第二组助手的请求引起了许多路人的兴趣，大约有 75% 的路人将助手所需要数目的钱给了她们；而在前一种情况下，只有一半的路人给了她们一些钱。

通过上面的实验，人们发现，可以通过引起他人注意的方法来改变他人的行为。与此类似的还有美国校园里的一些慈善活动，有人想出了一些别出心裁或引人注意的请求来增加他们集资的数目。比如，有一些教员会被"拘留"，这些教员只有得到了一定的来自他自己或其他人的担保金额才可以被释放。结果，这种做法非常成功。

事实上，要想得到他人的帮助，除了引起对方的兴趣外，还可以在提出请求之前，让他人有一个好心情。

心理学家在美国旧金山最大的购物中心进行了一次有趣的实验。

试验分两种情况进行：一种是实验人员在使用电话之前放入 10 美分硬币，另一种是电话亭里没有放钱。在电话亭打电话的人并不知道有什么实验，只是当他们打完电话后，从电话亭里出来的时候，实验人员抱着一堆书之类的东西从他们跟前走过，故意让书落到地上。

结果显示，没有捡到钱的人当中，只有5%的人帮忙捡起了落下的书本；而捡到钱的人当中，却有90%以上的人伸出了援助之手。

由此可见，心情好的确使人更容易帮助别人。这正如当你遇见一个好人，顿时觉得生活特别美好，觉得自己非常幸运。在这种情况下，为什么不去帮助那些不如你幸运的人呢？为什么不能让世界有更多的美好呢？好心情似乎有一种惯性，日常生活中，很多人总是在别人喜事临门、有意外收获的时候，让别人请客，或帮忙做一些事，结果就是被求的人要比平时更容易同意。这一切，都是登门槛效应的种种表现。

定律32

借口定律：

不为失败找借口，只为成功找方法

定律阐释

借口是拖延的温床，习惯性的拖延者通常也是制造借口的专家，他们做事时总把借口挂在嘴边，特别是在面临失败或无法实现目标的时候。习惯找借口的人，在社会上不会是值得大家信赖和尊重的人。

借口是滋生问题的根源

生活、工作和学习中，你是否常常看到这样一些借口？

如果上班迟到了，会有“路上堵车”“手表慢了”的借口；考试不及格，又会有“出题太偏”“题量太大”的借口；工作完不成，则有“工作太繁重”的借口。

只要有心去找，借口总是有的，而且以各种各样的形式存在着。许多人的失败，就是因为借口太多。当我们碰到困难和问题时，只要想找借口，也总是能找到的。不可否认，许多借口也是很有道理的，但是恰恰就是因为这些合理的借口，人们心理上的内疚感才会减轻，汲取的教训也就不会那么深刻，争取成功的愿望就变得不那么强烈，成功当然与我们擦肩而过了。

仔细想想，很多时候我们的失败不就是与找借口有关吗？不愿意承担责任，处处为自己开脱，或是大肆抱怨、责怪，认为一切都是别人的问题，自己才是受害者。

这样找借口的人往往把所有问题都归结在别人身上。“为什么我没有成功？那是因为工作不好、环境不好、体制不好。”“为什么我生活得不好？那是因为家庭不好、朋友不好、同事不好。”“为什么我会迟到？那是因为交通拥挤、睡眠不好、闹钟出了问题。”一旦有了借口，似乎就可以掩饰所有的过失和错误，就可以逃避一切惩罚。

但是，这样不断地找无谓的借口，你永远也不可能改进自己。相反，你不断地找借口，糟糕的结果也就不断地发生，你的生命也就会不断地出现恶性循环。

所以，你首先要改变的是自己的态度，由此才能实现良性循环。如果你是一个富有责任感的人，你就不会轻易为自己找借口，因为你知道借口不能解决任何问题。

你应当对自己说：“所有的问题都是我的问题。学习不好——我的问题，工作不好——我的问题，生活不好——我的问题。”你是生活的主人——你必须有这样的认知，并以此来激励自己。

要知道，成功也是一种态度，常常找借口的人是很难获得成功的。你尽可以悲伤、沮丧、失望、满腹牢骚，尽可以每天为自己的失意找到一千、一万个借口，但结果是你自己毫无幸福的感受可言。你需要找到方法走向成功，而不要总把失败归于别人或外在的条件。因为成功的人永远在寻找方法，失败的人永远在寻找借口。

“没有任何借口”，让你没有退路，没有选择，让你的心灵时刻承载着巨大的压力去拼搏、去奋斗，置之死地而后生。只有这时，你内在的潜能才会最大限度地发挥出来，成功也会在不远的地方向你招手！

成功的人不会随便寻找任何借口，他们会坚毅地完成每一项简单或复杂的任务。一个成功的人就是要确立目标，然后不顾一切地去追求目标，并且充分发挥集体的智慧力量，最终完成目标，取得成功。

所以我们应该拒绝借口，用决心、热心、责任心去对待生活。永远坚持百折不挠的挑战精神和没有任何借口的心态——奋斗，失败，再奋斗，再失败，再奋斗……直至最终的成功，这也是成功的一项法则。

借口是**拖延的温床**

现实中，是什么让你远离成功的彼岸？你搁置了多少想法、多少梦想、多少计划？其实，这一切都源于你没有坚决地付诸行动，而你又为自己的拖延找到了借口这张温床。所以，要想获得成功，我们就要不找借口地活着。不找借口，就意味着拒绝拖延，今天的事今天做。

借口是拖延的温床，当你告诉自己“这件事可以缓缓”“我今天已经做了很多事，可以奖励自己放松一下了”“明天什么事也没有，不如明天做”“今天天气很好，不能待在屋里”的时候，要注意了，你已经滋生了拖延的习惯。

如果你是个办事拖拉的人，你就在浪费宝贵时间。这种人花许多时间思考要做的事，担心这个担心那个，找各种借口推迟行动，又为没有完成任务而悔恨。在这段时间里，他们本来能完成任务而且早应转入下一个环节了。

所以，一定要找到可以有效对付拖拉作风的方法：

1. 确定一项任务是否非做不可

当我们感觉一项任务不重要，做起来自然会拖拖拉拉。若是这项任务真的不重要，就立刻取消它，而不是既拖延又后悔。有效分配时间的重要一环，就是取消可有可无的任务。应该从你的日程表中把乱糟糟的东西清除。

2. 把任务委托给其他人

有时候，任务是能完成的，但是你不喜欢做。你不愿意做可能与你的兴趣或专长有关，这时如果你把任务委托给一个比你更适合做、更乐意做的人，你和他就都成了赢家。

3. 确定好处与优势，立即行动起来

我们往往因为看不到完成一项任务有什么好处而拖拖拉拉。也就是说，我们做这项任务时付出的代价似乎高于做完之后得到的好处。解决这个问题的最佳办法是从你的目标与理想的角度来分析这个任务。如果你有一个重大目标，那你就比较容易拿出干劲去完成有助于你达到目标的任务。

4. 养成好习惯

许多人的拖延已经成了习惯。对于这些人，一切理由都不足以使他们放弃这个消极的工作模式去完成一项任务。如果你有这个毛病，你就要重新训练自己，用好习惯来取代拖延的坏习惯。每当你发现自己有拖延的倾向时，静下心来想一想，确定你的行动方向，然后给自己提一个问题："我最快能在什么时候完成这个任务？"定出一个最后期限，然后努力遵守。渐渐地，你的工作模式会发生变化。

拖延是一种疾病，对那些深受拖延之苦的人来说，唯一的办法就是做出果断的决定。否则，这一疾病将成为摧毁胜利和成就的致命武器。通常来说，爱拖延的人就是失败的人。

我们始终要牢记，今天才是你最有可能把握的，总是给自己的拖延找借口，寄希望于明天的人，永远只是一事无成的人。到了明天，后天也就成了明天，一而再，再而三，事情永远没有完结的一天。

如果你总是把问题留到明天，那么明天就是你的失败之日；同样，如果你计划一切从明天开始，你也将失去成为行动者的所有机会。请记住，明天只是你愚弄自己的借口。

所以，你还在等什么呢？今天就付诸实际行动吧！永远不要做现实中的寒号鸟，赶快在寒冬未来临之前给自己垒一个温暖舒适的窝。

不找借口，是一种成功理念

任何一个社会似乎都可以找出两种人——成功者和失败者。根据二八法则，20% 的人掌握着社会中 80％的财富。什么原因让少数人比多数人更有力量？因为多数人都在找借口。20 和 80 的区别在于：一种是不找任何借口做事情的人；另一种是光说不练，还整天找借口为自己开脱的人。

“我本来可以，但是……”

“我也不想，可是……”

“是我做的，但这不是我的错……”

“我本来以为……”

在现实生活中，我们经常会听到这一类的借口，生活中缺少的正是想尽办法去完成任务、不找借口的人。

美国人常常讥笑那些随便找借口的人说：“狗吃了你的作业。”借口是拖延的温床，习惯性的拖延者通常也是制造借口的专家，他们每当要付出劳动或做出抉择时，总会找出一些借口来安慰自己，总想让自己轻松一些、舒服一些。借口是推卸责任的表现，也是转嫁责任的方式，可以为自己制造一个安全的角落。习惯找借口的人，不可能成为企业称职的员工，在社会上也不会是值得大家信赖和尊重的人。

一个社会越推崇某种精神，就说明这个社会越缺少某种精神。《把信送给加西亚》的罗文受到追捧，正说明敬业精神的缺失。然而敬业并非只是一个简单的技巧问题，它首先是一个如何做人的问题。真正的敬业精神是基于对自我和他人的尊重、对事业和生活的热爱、对梦想和成功的渴望。对一个企业来说，只要员工具有敬业、负责的工作态度，用心做事，扎扎实实、积极主动、不找任何借口地去做事，员工就能实现最大的个人价值，企业就拥有最完美、最坚强的执行力，就有实力在市场竞争中迎风破浪、无往不胜。

“没有任何借口”是美国西点军校200多年来奉行的最重要的行为准则，是西点军校传授给每一位新生的第一理念。它强化的是每一位学员想办法去完成任何一项任务，而不是为没有完成任务去寻找借口，哪怕是看似合理的借口。秉承这一理念，无数西点毕业生在人生的各个领域都取得了非凡的成就。

事业的成功说到底来自人的能力（尤其是创造力）的真正的发挥，而所有的工作归根到底也无非是对他人的服务、对自我生命价值的体现。因此，不找借口并不仅仅是一种工作态度，更重要的是，它是一种生活理念。在人生的方方面面，你都应该信守这一理念，唯有如此，你才可能获得一种成功而又幸福的生活。

定律33

首因效应：

先入为主的第一印象

定律阐释

首因效应，也叫首次效应、优先效应或第一印象效应，指在与人第一次交往中给他人留下的印象，会在对方的头脑中形成并占据着主导地位。这种印象非常深刻，持续的时间也长，比以后得到的任何信息对他人的印象产生的作用都强。

从**破格录用**想到的

如今，大家都认为工作不好找，尤其是刚毕业的人。其实，如果把握好求职时的第一印象，效果往往会出乎意料。

一个新闻系的毕业生正急于找工作。一天，他到某报社对总编说："你们需要一个编辑吗？"

"不需要！"

"那么记者呢？"

“不需要！”

“那么排字工人、校对呢？”

“不，我们现在什么空缺也没有了。”

“那么，你们一定需要这个东西。”说着他从公文包中拿出一块精致的小牌子，上面写着“满额，暂不雇用”。总编看了看牌子，微笑着点了点头，说：“如果你愿意，可以到我们广告部工作。”

这个大学生通过自己制作的牌子，表现了自己的机智和乐观，给总编留下了良好的第一印象，引起对方极大的兴趣，从而为自己赢得了一份满意的工作。这也是为什么当我们进入一个新环境，参加面试，或与某人第一次打交道的时候，常常会听到这样的忠告：“要注意你给别人的第一印象噢！”

事实上，人们对你形成的某种第一印象，往往日后也很难改变。而且，人们还会寻找更多的理由去支持这种印象。有的时候，尽管你的表现并不符合原先留给别人的印象，但人们在很长一段时间里仍然要坚持对你的最初评价。

成功打造第一印象，占据他人心中**有利地位**

了解了第一印象的重要性，现在我们来谈谈应该怎样给人留下良好的第一印象。

通常，第一印象包括谈吐、相貌、服饰、举止、神态，对于感知者来说都是新的信息，它对感官的刺激也比较强烈，有一种新鲜感。这好比在一张白纸上，第一笔抹上的色彩总是十分清晰、深刻一样。随着后来接触的增加，各种基本相同的信息的刺激，往往也盖不住初次印象的鲜明性。所以，第一印象的客观重要性还是显而易见的，并在以后交往中起了心理定式的作用。

如果你与人初次见面就不言不语、反应缓慢，给人的第一印象基本就是呆板、虚伪、不热情，对方就可能不愿意继续了解你，即使你尚有许多优点，也不会被人接受；而如果你给人留下的第一印象是风趣、直率、热情，即使你身上尚有一些缺点，对方也会用自己最初捕捉的印象帮你掩饰短处。

一般来说，想给他人留下良好的第一印象，必须要牢记以下5点：

1. 显露自信和朝气蓬勃的精神面貌

自信是人们对自己的才干、能力、个人修养、文化水平、健康状况、相貌等的一种自我认同和自我肯定。一个人要是走路时步伐坚定，与人交谈时谈吐得体，说话时双目有神，目光正视对方，善于运用眼神交流，就会给人以自信、可靠、积极向上的感觉。

2. 讲信用，守时间

现代社会，人们对时间愈来愈重视，往往把不守时和不守信用联系在一起。若你第一次与人见面就迟到，可能会造成难以弥补的损失，最好避免。

3. 仪表、举止得体

脱俗的仪表、高雅的举止、和蔼可亲的态度等是个人品格修养的重要部分。在一个新环境里，别人对你还不完全了解，过分随便有可能引起误解，产生不良的第一印象。当然，仪表得体并不是非要用名牌服饰包装自己，更不是过分地修饰，因为这样反而会给人一种轻浮浅薄的印象。

4. 微笑待人，不卑不亢

第一次见面，热情地握手、微笑、点头问好，都是人们把友好的态度传递给对方的途径。在社会生活中，微笑已成为典型的人性特征，有助于人们之间的交往和友谊。但与别人第一次见面，笑要有度，不停地笑有失庄重；言行举止也要注意交际的场合，过度的亲昵举动难免有轻浮油滑之嫌，尤其是对有一定社会地位的朋友，不应表露巴结讨好的意思。趋炎附势的行为不仅会引起当事人的蔑视，连在场的其他人也会瞧不起你。

5. 言行举止讲究文明礼貌

语言表达要简明扼要，不乱用词语；别人讲话时，要专心地倾听，态度谦虚，不随便打断；在听的过程中，要善于通过身体语言和话语给对方以必要的反馈；不追问自己不必知道或别人不想回答的事情，以免给人留下不好的印象。

定律34

刺猬法则：

与人相处，距离产生美

定律阐释

刺猬法则，主要是指人际交往中的心理距离效应，人与人之间需要保持适当的距离，只有这样，才能最大限度地感受彼此的美好。

我们都需要一定的**距离**

生物学家曾做过一个实验：冬季的一天，把十几只刺猬放到户外空地上。这些刺猬被冻得浑身发抖，为了取暖紧紧地靠在一起，而相互靠拢后，它们身上的长刺又把同伴刺疼，很快就分开了。但寒冷又迫使大家再次围拢，疼痛又迫使大家再次分离。如此反复多次，它们终于找到了一个较佳的位置——保持一个忍受最轻微疼痛又能最大程度取暖御寒的距离。其实，人与人之间亦是如此，良好交际需要保持适当的距离。

关于这方面，一位心理学家曾做过这样一个实验：

在一个刚刚开门的阅览室，当里面只有一位读者时，心理学家进去拿了把椅子，坐在那位读者的旁边。实验进行了整整80人次。实验结果证明，在一个只有两位读者的空旷的阅览室里，没有一个被试者能够忍受一个陌生人紧挨自己坐下。当他坐在那些读者身边后，被试者不知道这是在做实验，很多人选择默默地远离到别处坐下，甚至还有人干脆明确地表示："你想干什么？"

这个实验向我们证明了，任何一个人都需要在自己的周围有一个自己可以把握的自我空间，如果这个自我空间被人触犯，就会感到不舒服、不安全，甚至恼怒起来。

所以，我们在现实生活中、人际交往中，一定要把握适当的交往距离，就像前面互相取暖的刺猬那样，既互相关心，又有各自独立的空间。

交际中的**距离学问**

既然距离在人际交往中如此重要，那么，究竟保持多远的距离才合适呢？一般而言，交往双方的人际关系以及所处情境决定着自我空间的范围。

美国人类学家爱德华·霍尔博士划分了4种区域或距离，各种距离都与双方的关系相称。

1. 亲密距离

所谓亲密距离，是人际交往中的最小间隔。其近范围在6

英寸（约15厘米）之内，彼此间可能肌肤相触、耳鬓厮磨，以致相互能感受到对方的体温、气味和气息；其远范围是6～18英寸（15～44厘米），身体上的接触可能表现为挽臂执手，或促膝谈心，仍体现出亲密友好的人际关系。

这种亲密距离属于私下情境，只限于在情感联系上高度密切的人之间使用。在社交场合，大庭广众之下，两个人（尤其是异性）如此贴近就不太雅观。在同性别的人之间，往往只限于贴心朋友，彼此十分熟识而随和，可以不拘小节，无话不谈；在异性之间，只限于夫妻和恋人之间。因此，在人际交往中，一个不属于这个亲密距离圈子内的人随意闯入这一空间，不管他的用心如何，都是不礼貌的，会引起对方的反感，也会自讨没趣。

2. 个人距离

这是人际间隔上稍有分寸感的距离，较少有直接的身体接触。个人距离的近范围为1.5～2.5英尺（46～76厘米），正好能相互亲切握手，友好交谈。这是与熟人交往的空间，陌生人进入这个范围会构成对别人的侵犯。个人距离的远范围是2.5～4英尺（76～122厘米），任何朋友和熟人都可以自由地进入这个空间。不过，在通常情况下，较为融洽的熟人之间交往时保持的距离更靠近远范围的近距离（2.5英尺）一端，而陌生人之间谈话则更靠近远范围的远距离（4 英尺）一端。

人际交往中，亲密距离与个人距离通常都是在非正式社交情境中使用，在正式社交场合则使用社交距离。

3. **社交距离**

这个距离已超出了亲密或熟人的人际关系，而是体现出一种社交性或礼节上的较正式关系。其近范围为 4 ～ 7 英尺（1.2 ～ 2.1 米），一般在工作环境和社交聚会上，人们都保持这种程度的距离；其远范围为 7 ～ 12 英尺（2.1 ～ 3.7 米），表现为一种更加正式的交往关系。

例如，公司的经理们常用一个大而宽阔的办公桌，并将来访者的座位放在离桌子一段距离的地方，这就是为了与来访者谈话时能保持一定的距离。还有企业或国家领导人之间的谈判、工作招聘时的面谈、教授和大学生的论文答辩等，往往都要隔一张桌子或保持一定距离，这样就增加了一种庄重的气氛。

4. **公众距离**

通常，这个距离指公开演说时演说者与听众所保持的距离。其近范围为 12～25英尺（约3.7～7.6米），远范围在 25 英尺之外。这是一个几乎能容纳一切人的开放的空间，人们完全可以对处于空间内的其他人视而不见、不予交往，因为相互之间未必发生一定联系。因此，这个空间的活动，大多是当众演讲之类，当演讲者试图与一个特定的听众谈话时，他必须走下讲台，使两个人的距离缩短为个人距离或社交距离，才能够实现有效沟通。

当然了，人际交往的空间距离不是固定不变的，它具有一定的伸缩性，这依赖于具体情境、交谈双方的关系、社会地位、文化背景、性格特征、心境等。

了解了交往中人们所需的自我空间及适当的交往距离，我们就能够有意识地选择与人交往的最佳距离；而且，通过空间距离的信息，还可以很好地了解一个人的实际社会地位、性格以及人们之间的相互关系，更好地进行人际交往。

定律35

自我暴露定律：

适当暴露，让你们的关系更加亲密

定律阐释

自我暴露定律，是指在人际交往中，适当地展示自己的真实情感和想法，更容易取得对方的信任、理解和支持，也是给人好感的前提。

适当的自我暴露有助加深亲密度

你有秘密吗？你是否发现自己与身边最亲密的人往往共同分享着彼此的许多秘密，而对于那些交情一般的人，你们之间几乎任何秘密都没有？你还可以回想一下，与最好的朋友的友谊，是不是从那一次你们两人互诉真心开始建立的？想必，你对上述几个问题的答案基本都是“是”。无须奇怪，这就是人际交往中的自我暴露定律。

研究交际心理学的人士曾指出，让人家看到自己的缺点或弱点，人家才会觉得你真实可信，不存虚假，从而产生亲近感；反之，完全把自己“藏起来”，就会使人感觉造作、虚伪、有压力。

生活中有一些人是相当封闭的，当对方向他们说出心事时，他们却总是对自己的事情闭口不谈。但这种人不一定都是内向的人，有的人话虽然不少，但是从不触及自己的私生活，也不谈自己内心的感受。

人之相识，贵在相知；人之相知，贵在知心。要想与别人成为知心朋友，就必须表露自己的真实感情和真实想法，向别人讲心里话，坦率地表白自己、陈述自己、推销自己，这就是自我暴露。

当自己处于明处，对方处于暗处，你一定不会感到舒服。自己表露情感，对方却讳莫如深，不和你交心，你一定不会对他产生亲切感和信赖感。当一个人向你表白内心深处的感受，你可以感到对方信任你，想和你进行情感的沟通，这就会一下子拉近你们的距离。

在生活中，有的人知心朋友比较多，虽然他看起来不是很擅长社交。如果你仔细观察，会发现这样的人一般都有一个特点，就是为人真诚，渴望情感沟通。他们说的话也许不多，但都是真诚的。他们有困难的时候，总会有人来帮助，而且很慷慨。

而有的人，虽然很擅长社交，甚至在交际场合中如鱼得水，但是他们却少有知心朋友。因为他们习惯于说场面话，做表面功夫，交朋友又多又快，感情却都不是很深。因为他们虽然说很多话，却很少暴露自己的真实感情。

要知道，人和人在情感上总会有相通之处。如果你愿意向对方适度袒露，就会发现相互的共同之处，从而和对方建立某种感情的联系。向可以信任的人吐露秘密，有时会一下子赢得对方的心，赢得一生的友谊。

如果希望结交知心朋友，你不妨先对他们敞开自己的心扉！

过犹不及，暴露自己要有度

人常说："凡事要有度，凡事不能过度。"一点儿也没错，在交际中，自我暴露是赢得他人好感的有效方式，但这种暴露同样要做到适度。

小鱼是某大学的研究生，刚入学不久，就把同班同学"雷"到了。一天早上上课，课间，坐在前排的她转过身和一位同学借笔记，还回来时笔记里竟然夹了一张男生的照片，于是小鱼打开了话匣子，跟后面的同学聊了起来，说那是她在火车上认识的新男友，正热恋。她从她和男友在哪儿租了房子、昨天买了什么菜、谁做的晚饭，说到她如何如何幸福，甚至说到二人世界里亲密的小细节……

这样的事情有很多，而且她经常不分时间场合随便就跟别人讲自己的一些私事。到后来，同学们一见到她就躲开了，大家都受不了她了。

由上面的这个例子我们可以看出，在人际交往的过程中，自我暴露要有一个度，过度的自我暴露反而会惹人厌。

在人际交往中，自我暴露应注意以下几个问题：

自我暴露应遵循对等原则，即当一个人的自我暴露与对方相当时，才能使对方产生好感。比对方暴露得多，则给对方以很大的威胁和压力，对方会采取避而远之的防卫态度；比对方暴露得少，又显得缺乏交流的诚意，交不到知心朋友。

自我暴露应循序渐进。自我暴露必须缓慢到相当温和的程度，缓慢到足以使双方都不感到惊讶的速度。如果过早地涉及太多的个人亲密关系，反而会引起对方的忧虑和不信任感，认为你不稳重、不值得托付，从而拉大了双方的心理距离。

真正的亲密关系是建立得很慢的，它的建立要靠信任和与别人相处的不断体验。因而，你的自我暴露必须以逐步深入为基本原则，这样，你才会讨人喜欢，才能交到知心朋友。

定律36

互惠定律：

你来我往，人情互惠

定律阐释

互惠定律，指在人际交往中要懂得知恩图报，尽量以相同的方式报答他人为我们所做的一切，双方互惠共赢。

投桃报李，**学会感恩**

爱默生说过：“人生最美丽的补偿之一，就是人们真诚地帮助别人之后，同时也帮助了自己。帮助别人也就是帮助你自己。”你送出什么就收回什么，你播种什么就收获什么。你帮助的愈多，你得到的也就愈多；而你愈吝啬，也就愈可能一无所得。“爱别人就是爱自己”，这句很经典的话其实已说出了人际关系的“核心秘密”——你付出别人所需要的，他们也会给予你所需要的。

在第一次世界大战中，为了刺探对方敌情，各国专门培训了一批特种兵，其任务是深入敌后去抓俘虏回来审讯。

当时的战争是堑壕战，大队人马要想穿过两军对垒前沿的无人区是十分困难的，但如果一个士兵悄悄爬过去，溜进敌人的战壕，相对来说就比较容易了。

有一个德军特种兵以前曾多次成功地完成这样的任务，这次他又接到任务出发了。他很熟练地穿过两军之间的地带，悄无声息地出现在敌军战壕中。

一个落单的士兵正在吃东西，毫无戒备，一下子就被德国兵缴了械。他手中还举着刚才正在吃的面包，这时，他本能地把一块面包递给对面突袭的敌人。

面前的德国兵忽然被这个举动打动了，他做出了不可思议的行为——他没有俘虏这个敌军士兵，而是将其放了，自己空着手回去，虽然他知道回去后上司会大发雷霆。

这个德国兵为什么这么容易就被一块面包打动呢？其实，人的心理是很微妙的，在得到别人的好处或好意后，就想要回报对方。虽然德国兵从对手那里得到的只是一块面包，或者他根本没有想要那块面包，但是他感受到了对方对他的一种善意。即使这善意中包含着一种恳求，但这毕竟是一种善意，是很自然地表达出来的，在一瞬间打动了他。他在心里觉得，无论如何不能把一个对自己好的人当俘虏抓回去，更别说要了这个人的命。

其实这个德国兵不知不觉地受到了心理学上互惠定律的左右。得到对方的恩惠就一定要报答的心理，是人类社会中根深蒂固的一个行为准则。

当然，你也可以使用这个原理来提升自己的影响力。如果从别人那里得到了好处，我们应该回报对方；如果一个人帮了我们，我们也会帮他，或者给他送礼品，或请他吃饭；如果别人记住了我们的生日，并送我们礼品，我们对他也会这么做。

人与人的相处其实是很简单的，你想要别人把你当作朋友，那你必须先把别人当作朋友。

播种爱心，**赢得朋友**

中国历来讲究礼尚往来，这似乎也是人类行为不成文的规则。与人交往讲究互惠互利，双方需要保持利益平衡，如果利益平衡被打破，就会导致关系破裂。互相帮助，有来有往，用真心换取真心，这样才能使我们赢得更多的人心，也能使友谊更加稳固。

人与人之间的互动，就像坐跷跷板一样，要高低交替。一个永远不肯吃亏、不肯让步的人，即使能真正得到好处，也是暂时的，他迟早要被别人讨厌和疏远。得到别人的好处或好意，及时回报，这能够表明自己是一个知恩图报的人，有利于双方交往的发展。

在不是很熟悉的朋友之间，你求别人办事，如果没有及时回报，下一次又求人家，就显得不太自然，因为人家会怀疑你是否有回报的意识，是否感激他对你的付出。如果对方突然有一件事反过来求你，你即使觉得不太好办的话，也难以拒绝。俗话说："受人一饭，听人使唤。"为了保持一定的自由，最好不要欠人情。当然，在关系很密切的朋友之间，就不一定要马上回报，那样反而可能显得生疏。但也不等于不回报，有机会的时候还是应该回报的。

在人生的旅途中，我们一直在播种，也许我们不经意的一次善意，就会获得意想不到的感激。当然，我们付出的时候并不是为了得到回报，可生活就是这样，有播种就会有收获，对我们来说也许只是绵薄之力，对需要帮助的人来说则可能会是新的人生起点。

面对需要帮助的人，千万不要吝惜自己的爱心，善待他人，把你的爱心奉献出来。在你不经意地付出以后，也许会有意想不到的惊喜。播种你的爱心，让它在你的周围生根发芽，当你迎来硕果累累的金秋时，你就是拥有最多财富的富翁。

定律37

换位思考定律：

将心比心，
换位思考

定律阐释

换位思考定律，指在人际交往中要懂得站在对方的立场上，为对方考虑。不能一切都从自我出发，只站在自己的立场上想问题。

己所不欲，**勿施于人**

曾经有位因不会与人交往而处处遭人白眼的年轻人，非常苦恼地去找智者，希望智者能告诉他与人交往的秘诀。结果，那智者只送了他四句话："把自己当成别人，把别人当成自己，把别人当成别人，把自己当成自己。"年轻人当时不明白，以为智者不想告诉他秘诀，所以随便说几句来敷衍他。而智者却说："你回去吧，这就是秘诀。你会明白的。"后来，这位年轻人反复琢磨，经过实践后，终于明白了智者的话。与人交往的秘诀其实就是换位思考。

中国自古就有“己所不欲，勿施于人”的古训，西方的《圣经》里也有这样的教诲：“你们愿意别人怎样待你，你们就怎样对待别人。”人与人的交往，都是将心比心的。只有懂得为别人考虑的人，才能获得别人的真情。生活中，每个人所处的环境、地位、角色不同，所以对同一个事物的想法也会有所不同，不要只从自己的立场出发来想事情，要懂得从别人的立场上看问题，这样你的观点才会更客观，你的胸怀才会更宽广，你的朋友才会更多，你的事业也会更成功。

这世上有很多争吵，都是因为我们不会从别人的立场上看问题而导致的。如果我们每个人都能站在别人的立场上为别人考虑，那么这个世界将变成爱的海洋、和谐美满的天堂。若大家都只从自己的立场出发想问题，将无法进行沟通和获得理解。

每个人都有每个人的责任，每个人都有每个人的忧喜。只有设身处地为他人考虑，你才能真正地了解他的想法，理解他的行为。

换位思考是一种态度，更是一种品德。懂得换位思考的人，才值得别人尊敬。如果你不想别人啐你的脸，那你就不要随地吐痰；如果你不想别人用污秽的字眼说你，那你也不要随便辱骂别人；如果你不想自己被人瞧不起，那你也不要戴着“有色眼镜”看人。

总之，己所不欲，勿施于人，懂得站在别人的立场上考虑问题，希望别人怎么对你，你就怎么对别人。

设身处地为他人考虑

其实，设身处地为他人考虑，也是为自己考虑。在这个世界上，没有哪个人是不依赖他人而孤立存在的。社会就是人与人合作互助的结构，不懂得为他人考虑的人，也没有人会为你考虑。只想着自己、自私自利的人，以为没有吃亏，却也难有收获，而且还会失去很多，比如尊重、理解、爱戴、友情，甚至更多。

曾经看过一个非常悲惨的故事，讲的正是不懂得设身处地为他人考虑而导致的悲剧。

一个参军的年轻人，由于在战场上误踩了地雷，致使他失去了一只胳膊和一条腿。他痛苦万分，但想到爱他的父母，他的心底又燃起了活下去的希望。可他现在这个样子，父母会如何看待他呢？他决定还是打个电话给父母，再作打算。于是，他拨通了父母家里的电话："爸爸，妈妈，我要回家了。但我想请你们帮我一个忙，我想带一位朋友回去。"父母听后，很高兴："当然可以，我们也很高兴能见到他。"年轻人接着说："但是这位朋友不是一般的人，他在这次战争中失去了一只胳膊和一条腿。他无处可去，我希望他能来我们家和我们一起生活。"年轻人这话一出口，电话中就传来父母的声音："我们很遗憾听到这件事，但是这样一个残疾人将会给我们带来沉重的负担，我们不能让这种事干扰我们的生活。我想你还是快点儿回家来，把这个人给忘掉，他自己会找到活路的。"听到这些，年轻人挂上了电话。几天后，他的父母接到了警察局的电话，说他们的儿子从高楼上坠地而死，调查结果认定是自杀。当悲痛欲绝的父母赶到陈尸间，看到儿子的尸体时，他们惊呆了：他们的儿子只剩一只胳膊和一条腿。

这就是只想到自己的结果。生活中，这样的悲剧还有很多。灾难发生在别人身上是故事，发生在自己身上才是事故。而这世界是公平的，风水轮流转，那发生在别人身上的不幸，也可能发生在自己身上。你怎么对待别人的，别人就会怎么对待你。

所以，要多为别人考虑。

在别人有难时，不要幸灾乐祸，而是想着帮助别人。无论何时都要为别人考虑，这样你的人生会不断地发现惊喜。

圣诞节那天，妈妈带着女儿在街上玩。妈妈一个劲地说："宝贝，你看多美啊！"可女儿却回答："我什么美也看不到！"妈妈很生气："你看那漂亮的五彩灯、圣诞树，还有琳琅满目的各式礼品，你怎么会看不到呢？"女儿很委屈："可我真的什么也没有看到。"这时，妈妈发现女儿的鞋带开了，便蹲下来为她系鞋带。就在这时，妈妈发现她蹲下来的时候，除了前方一个女人的格子裙以外，什么也看不到。原来，那些东西都放得太高了。

所以，当别人给的答案不是你想要的时候，要想想为什么会这样。真正设身处地为他人着想，是每个人都应该明白的道理和应该学习的人生法则。

定律38

古德曼定律：

没有沉默，就没有沟通

定律阐释

古德曼定律，也称作沉默定律，由美国加州大学心理学教授古德曼提出，意思是沉默可以调节说话和听讲的节奏。沉默在谈话中的作用，就相当于0在数学中的作用，尽管是0，却很关键。没有沉默，一切交流都无法进行。

沉默是金

沉默是一种力量，是一种态度，是一种智慧。沉默不是一语不发的怯懦，而是鼓励他人畅谈的谦虚；沉默不是脑中空空的愚蠢，而是为自己积蓄力量的隐忍；沉默不是理屈词穷的失败，而是不屑一顾的威严；沉默不是任人摆布的屈从，而是待时而动的冷静。古语云“沉默是金”，正说明了沉默的价值、沉默的可贵。如果两个人在交谈，没有一方的沉默，那肯定是进行不下去的。这个世界需要呼唤的声音，更需要沉默的安静。

总爱夸夸其谈的人，不一定有真本事；平时沉默不语的人，不一定没有出息。

沉默不是无所事事，而是想一招制敌。这是力量的积累，是时机的等待。

每年高考都会冒出不少“黑马”，那些平时看起来不怎么出众的学生，却能“金榜题名”；而那些平时出尽风头，看起来大有希望的学生，却往往“名落孙山”。那些平时看起来默默无闻的学生，其实就是在一点一滴地积累力量，他们“不鸣则已，一鸣惊人”！越王勾践卧薪尝胆，任劳任怨，最终却一举歼灭了强大的吴国。这里的沉默，就是在等待时机。所以，真正有大志向的人，往往是看起来比较沉默的人。不语则已，语必惊人。

沉默是金。沉默是在积蓄力量，是在等待时机，更是一种威严和智慧，一种冷静和沉着。

俗话说，“祸从口出”，“言多必失”。该沉默的时候，就要懂得沉默。买东西的时候，讨价还价，你千万不要先开口出价，要等着别人先出价。在谈判的时候也是一样，不要先露出底牌、贸然行动，而是先观察、思考、准备，像楚庄王一样，不鸣则已，一鸣惊人！但沉默不是一直无言，而是适时沉默，该出口的时候还是要出口的，不然，你就真的要“在沉默中灭亡”了！

善于**倾听**

沟通是需要说出来和听进去的，双方缺一不可。说出来是一种交流，听进去是一种领会。这个世界需要说出来的勇气，更需要听进去的耐心。

懂得倾听，是一种能力，更是一种品德。倾听是一种沉默，更是一种付出。认真地听别人讲话，是一种尊重，更是一种修养。很多人知道高谈阔论的魅力，却忽视了倾听的力量。科学家曾经对一批推销员进行过追踪调查，调查的对象分为业绩最好和业绩最差两类。经过调查，科学家发现，他们的业绩之所以有这么大的差别，不是因为说得好坏，而是因为听得多少。那些业绩最好的推销员每次推销的时候平均只说 12 分钟话，而那些最差的平均却要说上 30 分钟。说得多，就听得少，听得少，就不容易对顾客有透彻的了解，而且说得多还容易使顾客厌烦。而听得多则相反，不仅会对顾客有个清晰的了解，知道顾客最需要什么，而且还会使顾客觉得贴心。所以说，懂得倾听，是一种智慧。

一个好的谈话节目主持人，是一个好的倾听者；一个好的领导，也是一个好的倾听者；一个好的朋友，更是一个好的倾听者。倾听，让对方满足，让自己受益。懂得倾听，才能使说话更有效。在社交过程中，懂得倾听是一种很吸引人的品质。如果你是一个善于倾听的人，你的身边总会围绕着很多愿意与你交往的人。善于倾听，才能更好地沟通。如果双方各抒己见，都不把对方的观点听到心里去，那么最终只能是以争吵而收场。

真正愉快的沟通，是互相倾听；真正的朋友，就是能够与你沟通的人，这个沟通指的就是能够互相倾听。只有能够互相倾听，才能互相理解、彼此知心。作为领导，更要具备善于倾听的能力，听到不同的声音，才能不断地改进。官员要听到百姓的疾苦，老板要听到员工的意见，老师要听到学生的要求，家长要听到孩子的心声。在很多时候，听比说更重要。

很久以前，有个不知名的小国想刁难一下它的邻国，因为它的邻国太大太强，让这个小国感到威胁。有一天，这个小国的使者带着三个一模一样的金人，来向大国进贡。大国的国王看着这几个金人，心里非常高兴。但是没想到，那个小国的使者竟向国王出了个难题："请问陛下，您说这三个金人哪个最有价值？"国王一下答不上来了，但国王不能说自己不知道，这

样会失了尊严。于是，他想了很多办法，请金匠来看做工、称重量、验材质，但无论如何查，得出的结果都是：这三个金人的价值都一样。正在国王急得火烧眉毛的时候，一位已告老还乡的老臣来到王宫的大殿上说他知道如何区分。国王十分高兴，把小国的使者也请到了大殿上。这时，只见老臣从袖子里拿出三根稻草，一根一根地分别插入三个金人的耳朵里。结果发现：第一个金人的稻草从另一边耳朵里掉了出来，第二个金人的稻草从嘴巴里掉了出来，而第三个金人的稻草掉进了肚子，再也没有出来。于是，老臣对使者和国王说:“第三个金人最有价值。”使者这时也不得不承认，老臣的答案是正确的。

为什么第三个金人最有价值呢？因为它懂得倾听，善于倾听。人长了一张嘴、两只耳朵，就是要让我们多听少说。善于倾听，是社交中一种非常有用的技能，是领导者必须具备的能力，是每个人都应该拥有的美德。

定律39

需求定律：

欲取先予，
以退为进

定律阐释

需求定律，是指任何人做任何事情都是带有一种需求的，只有尊重并满足对方的需求，别人才会尊重我们的需求。

满足他人，**成就自己**

最会经商的犹太人在用自己的劳动成果进行食品交易时，会背诵一段著名的祷告，人们通过这些言语来感谢上帝创造出这些不完善和拥有众多需求的人。这些祷告让犹太人意识到，帮助别人满足需要或克服别人身上的不足，是一种值得尊敬的生活方式。当你满足了顾客、消费者和老板的需求，无论你是一名拉比还是一名宗教组织者，接受报酬是理所当然的事，因为这些钱是你满足别人需求的见证。

其实，无论是在商业行为还是在日常生活中，你只要尊重和满足他人的需求，同时你的需求也会得到满足。或者换句话说，如果你有某种个人的需求，那么就要去先满足别人的需求。

在激烈的商业竞争中，懂得满足消费者需求的企业才能立于不败之地。中国海尔是世界白色家电第一品牌，1984 年创立于中国青岛。它以满足消费者的需求为第一宗旨。无论是城市还是乡村，无论是中国还是欧美，海尔始终根据不同的消费需求研发相应的产品，让消费者先用上适合的产品，自己才能获得丰硕的收入。这就是欲取先予的真谛。

在日常生活中，无论是与人相处还是要获得成功，都要明白欲取先予这个道理。有些人总是打着自己的小算盘，不想付出，只想回报，他们不懂天下没有免费的午餐。有些人总是处心积虑地计划着占别人的便宜，这种人迟早会被现实教训，贪小便宜吃大亏。有些人总是处处替别人着想，先人后己，这样的人往往会得到很多，不仅是尊重、名望，还有财富。这就是大智若愚的“吃亏学”。看起来你是吃亏了，其实你的需求也得到了满足，并且对方还很高兴地自愿让你满足。

每当你给别人一个微笑的时候，别人也会还你一个微笑。你想别人怎么对你，你就得先怎么样对别人。

满足是相互的，**有付出才会有回报**

欲取先予说起来容易做起来难，人天生都是有些自私的，而且往往还伴随着一些虚荣，谁会甘心先为别人付出，谁会愿意先满足别人呢？如果我满足了别人，别人不来满足我，那我岂不是很吃亏吗？一般的人都会有这种顾虑，但是那些能成就大业者或生活中的强者却从来不会计较这些，因为他们明白：有付出才会有回报。

如果不付出，虽然没有失去，但也没有得到，没有得到就是失去。无论你付出了什么，你总会有所收获。当然，这里的收获也许不是你所期望的，但是可能会比你期望的带来更多。投之以桃，才能报之以李，不投自然无报。所以，要懂得为他人着想，懂得为别人付出。

只有设身处地地替别人考虑，想他人所想，急他人所急，大家才会互相扶助，各得所求，自然其乐融融。这就是所谓的“欲要

取之，必先予之”。

我们在做事情的时候，不仅要有双赢的思想，而且要有让对方先赢的思想。不仅要有思想，而且要落实在行动上。这样我们才能获得我们想要的成就，才能满足我们内心的需求。

以退为进，是兵家常用之计，其实这中间运用的也是先予后取的道理。自己佯败，让敌人先获胜，这是予；然后借敌人大意之机再转败为胜，这是取。我们的人生也是这样，你只有先给了别人甜头，才能满足自己的需求。

定律40

相悦定律：

喜欢是一个交互的过程

定律阐释

人们往往喜欢与喜欢自己、能给自己带来愉悦的人交往。因为对方喜欢你而引起你喜欢对方，这就是所谓的相悦定律。

想让别人喜欢你，先要喜欢上对方

看看你身边的人，你想过你喜欢的人通常具有哪些特征吗？你喜欢他们，是因为他们漂亮，还是因为他们聪明，或者是因为他们有社会地位？

心理学的研究表明，通常我们喜欢的人，是那些也喜欢我们的人。他们不一定很漂亮，或很聪明，或者有社会地位，仅仅是因为他们很喜欢我们，我们也就很喜欢他们。

那么，我们为什么会喜欢那些喜欢我们的人呢？这是因为喜欢我们的人使我们体验到了愉快的情绪，一想起他们，就会

想起和他们交往时所拥有的快乐，使我们看到他们时自然就有了好心情。

而且，那些喜欢我们的人使我们受尊重的需要得到了满足。因为他人对自己的喜欢，是对自己的肯定、赏识，表明自己对他人或者对社会是有价值的。

有心理学家曾做过这样一个实验：让被试者“无意中”听到一个刚与他说过话的伙伴告诉主试者喜欢或不喜欢他。接着，当这些同伴和被试者在一起工作时，被试者的面部表情会因他们听到的内容而异。当被试者听到同伴喜欢他们时，他们会比在听到同伴不喜欢他们时在非言语表现上更积极。另外，后来的书面评定显示，被喜欢的被试者比不被喜欢的被试者更多地被同伴吸引。

其他的研究也证明了相似的结果：人们对那些他们认为喜欢他们的人持更积极的态度。这就是喜欢的交互现象。

对于喜欢的交互现象，戴尔·卡耐基很久以前就在其著作《如何赢得朋友和影响他人》中提到，人们获得友谊的最好方式是“热情友善地称赞他人”。但是，在我们为赢得他人友谊而不遗余力地去赞美他人之前，我们需考虑一下情境，有时赞美并不一定能导致喜欢。

喜欢的交互性规律也有例外发生，其中之一就是当我们怀疑他人说好话是为了他们自己时，别人的赞美并不会导致我们去喜欢他。

此外，对那些自我评价很低的人来说，喜欢的交互性也不会发生。因为他们可能认为喜欢他的人没有眼光，并且因此而不去喜欢那些人。

在生活中，有很多这样的情况，就是两个人的相互喜欢是由一个人对另一个人单方面喜欢开始的。比如一个女孩开始时对一个追求她的男孩并没有多少好感，但是这个男孩子表现出了对她特别喜欢的态度，久而久之，这个女孩也对这个男孩动心了，最后接受了他的追求。

当然，这个规律也不是绝对的。有时我们会喜欢某个并不喜欢我们的人，相反，我们不喜欢的人有时却很喜欢我们。我们只能说在其他一切方面都相同的情况下，人有一种很强的倾向，喜欢那些喜欢我们的人，即使他们的价值观、人生观都与我们不同。

喜欢是相互的，学着让别人喜欢你

喜欢是一种相互的行为。你喜欢的人，往往也会喜欢你；你讨厌的人，往往也都讨厌你。

在人际交往中，有一种自然的吸引力，那就是人们都喜欢与喜欢自己的人交往。而决定一个人是否喜欢另一个人的强有力的因素就是：另一个人是否喜欢他。人们都不喜欢碰壁，也不喜欢自讨没趣。所以，他们往往会选择那些喜欢他们的人作为朋友和伴侣。

让别人喜欢你，是社交中非常重要的技能。只有让别人喜欢你，别人才会愿意与你交往。其实，要让别人喜欢你，并不是一件很难的事。你只要懂得尊重别人，认可别人，赞

扬别人，也就是说，你只要让别人明白你喜欢他，那他就自然会喜欢你。

善于发现别人身上的优点，找到别人感兴趣的话题，让对方感觉到你对他的关注和喜欢……这些都是社交中的制胜法宝。

著名销售专家伍奇先生就曾说过：“推销员必须了解自己公司的产品，并且对产品有信心，工作勤奋，富有热情。但是，其中最重要的一点是他一定要喜欢别人。”要想获得别人的喜欢，就要先表现出喜欢别人，推销产品也是在推销自己，只有让顾客喜欢你，才能让顾客对你的产品产生兴趣。

在社交中，更是在推销自己，只有让别人喜欢你，别人才会愿意与你来往。人与人在感

情上的融洽和相互喜欢，可以强化人际相互吸引。这种吸引就像一种魔力，人们很难挣脱开。所以，在日常交际中，不要轻易说出别人不喜欢听的话，批评或指责别人，更不能嘲笑或轻视别人，也不要表现得太过冷漠；要积极、热情、友善地对待别人，多看到别人的优点，适时地称赞别人，并向别人学习；但也不要一味地奉承，这也会让别人厌恶，只要适当地表达出你喜欢对方的意思就可以了。

相悦定律的痕迹在生活中比比皆是，但是能真正体会到其中含义、很好地运用的人并不是很多。其实，要让别人喜欢你，就要先学会喜欢别人，喜欢是相互的，是有付出的，你只有付出了才会有回报。一个只想到自己的人，很难受到别人的喜欢。因此，从学会喜欢别人开始吧。

定律41

钥匙理论：

真心交往
才有共鸣

定律阐释

在人际交往中，只有付出真情，达到交心，才能获得共鸣。“精诚所至，金石为开”，真情实感最动人。

交往**贵在交心**

人与人的交往有很多种，最让人向往的要数莫逆之交。每个人都希望别人能理解自己，生活中有知心的朋友。而要得到这些都有一个大前提，那便是你要真心对待他人，把你的真心交给别人，你才能换来别人的真心、别人的理解。

曾经有个郁郁寡欢的青年去找智者抱怨：“为什么这个世界上就没有人能懂我？为什么大家都对我如此冷漠？”

智者看了看青年，说道：“没人会理解一个没有真心的人，也没人会愿意与虚情假意的人做朋友。你回去，用心与人交往，便会找到答案。”

青年听了智者的话，不懂其意，以为智者在故弄玄虚，就垂头丧气地回去了。在回家的路上，他看到了一位美丽的姑娘，十分喜欢，心想：这位姑娘正配做我的夫人，凭我的聪明才智肯定能把她娶到手。

于是，他就开始采取行动，用尽各种讨好的方法，可结果却为别人做了嫁衣裳——那位姑娘选了别人。

他非常生气地去问那位姑娘：“为什么选他不选我？”

姑娘只说了一句话：“因为他是真心喜欢我。”

又是真心？他想，我又何尝不是真心喜欢你？此事作罢，还是事业为重。这位青年放下了结婚的念头，决定先找份工作。在铺天盖地的招聘广告中，他选中了一家很有实力又能施展他才华的公司。他是个聪明人，知道这社会的“规矩”，事情都不是那么简单就能办成的。

于是，他买了公司老板最喜欢的茶叶，送给老板娘一套名贵的化妆品，更找到老板最信任的主管为他说好话。可是结果他没有被录取，而那个平日里看起来傻呵呵的、总让别人占便宜的小马被录取了。他愤愤不平，找老板理论。

老板眼皮都没抬，说道：“我看不到你的真心，我们公司不需要你这种太有心机的员工。”无奈之下，他只好另找活路。为了生存，他做了推销员。一个月过去了，他作为全公司成绩最差的推销员，面临被辞退的危机。他的上级找他谈话：“你知道你为什么卖不出去产品吗？”他摇摇头，说：“不知道。”“因为顾客感觉不到你的真心。”上级说道。

真心到底是什么？他想去问别人，可是他没有可以问的人。与父母从不深入交谈，朋友都是点头之交，同事更是利益关系，他一下感到他的人生很失败。他再次去找智者，希望智者能告诉他真心是什么。智者没有说话，而是站起来给了他一个拥抱，并轻轻地抚摸他的头发。在那一瞬间，他突然情不自禁地痛哭流涕，满腹委屈都化作泪水流了出来。也就在那一瞬间，他明白了什么是真心。真心就是发自内心，没有半点儿虚假，没有半点儿伪装，心甘情愿地对一个人好，充满尊重与理解。

其实，人与人交往，不需要太多的技巧、太多的手段，只要付出真心就足够了。

真心能攻破铜墙铁壁，能抵过千军万马。人与人的交流，贵在交心。心与心的碰撞，才能产生共鸣，彼此知心。不要抱

怨别人不理解你，你要先为别人打开你的心门；不要抱怨别人不和你做朋友，你要先学会用心与人交往；不要抱怨这个世道太坏好人太少，无论是谁你都真心对待，你会看到另一片蓝天。

人际交往中，与他人真心交往，我们才不会感到孤单寂寞。

真情实感最动人

最能打动人心的美文，是有真情流露的文章；最动人心弦的表演，是充满真情的演示；最让人不能忘怀的形象，是流露出真情实感的人物。普天之下，最能打动人心的非真情实感莫属。真情实感是一种态度，是一种表现，是一种品性。只有充满真情实感的人，才能打动别人的心。

即使冷若冰霜的人，只要你对他流露出真情实感，他也是能被你融化的。这世间最动听的歌，是有感情内涵的歌。在人际交往中，不要把自己包得太严、藏得太深，这样你永远也交不到知心的朋友。在与人交往时，更要懂得付出真情，用你的真情实感去打动别人，这是最容易被人忽视却又最有效的武器。

这个世界有很多规则，有很多限制，有很多危险。因此，这个世界更需要真情实感。永远不要让一些外在的东西蒙蔽了你的心智，用你的真心来面对这个世界，用你的真情实感来打动你身边的每一个人。这就是最简单也最有效的生活、社交法则。

定律42

沉默的螺旋：

如何有效表达自己不离群

定律阐释

沉默的螺旋，是一个政治学和大众传播理论，由德国心理学家伊丽莎白·诺埃尔·纽曼提出。该理论指出，人出于社会天性，大多数个人会力图避免由于单独持有某些态度和信念而产生交往中的孤立，而总是寻求与周围关系的和谐。如果一个人感觉到他的意见是少数的，他比较倾向不表达出来，因为害怕被多数的一方报复或孤立。

人际交往中**沉默的螺旋**

沉默的螺旋来源于这样一个事实。1965年德国阿兰斯拔研究所对即将到来的德国大选进行了研究。在研究过程中，两个政党在竞选中总是处于并驾齐驱的状况，第一次估计的结果出来，两党均有获胜的机会。然而6个月后，即在大选前的两个月，基督教民主党与另一个党获胜的可能性是 4 ： 1，这对基督教民主党在政治上的胜利期望升高有很大的帮助。在大选前的最后两周，基督教民主党赢得了 4% 的选票，社会民主党失去了 5% 的选票。在 1965 年的大选中，基督教民主党以领先 9% 的优势赢得了大选。

从这个事实中我们可以看到这样一个现象：人们在表达自己想法和观点的时候，如果看到自己赞同的观点受到广泛欢迎，就会积极参与进来，这类观点越发大胆地发表和扩散；而发觉某一观点无人或很少有人理会，即使自己赞同它，也会保持沉默。竞争一方的沉默造成另一方的增势，如此循环往复，便形成一方的声势越来越强大、另一方越来越沉默下去的发展过程。

这样一来，就会导致出现一个问题：团队意见的最后决定可能不是团队成员经过理性思考之后的结果，而可能是对团队中的主流思想意见的趋同后的结果。当团队中的少数意见与多数意见不同的时候，少数有可能屈于主流的压力，表面上采取认同，实际上内心仍然坚持自己的观点，可能出现某些团队成员心口不一的现象。

可以特立，但不要独行

我们在生活中，总是会与各种各样的人打交道。有熟悉的，也有陌生的；有和善的，也有刁蛮的。而一个人不可能与所有性格的人相处得非常融洽。那么，究竟该如何与人相处呢？既要融到大家的队伍中去，又要保持自己的独特性，不在人群中

迷失自我。

透过我们身边的一些沉默的螺旋现象，我们可以更好地审视我们的生活，学会更多为人处世的方法。让螺旋在沉默中上升，使自己在人际交往中特立但不独行。

1. 要尽量融入积极的环境中

如果身边的人都勤奋好学、朴实稳重，那么自己作为一个随性的人，就要尽量融入这样的氛围当中。因为，这种主流的行为会给你带来积极的影响。其实这就是典型的沉默的螺旋。生活在这样的环境中，周围人的行为将极大地影响到自身。

2. 要勇于在消极的环境中保持自身独特性

每个人都在不同的环境中扮演着不同的角色，有的环境会带来积极的影响，有的环境容易把人引向歧途。面对身边的不良的环境氛围，要勇于说出自己的想法，从中挣脱出来。当意识到身处的环境对自己有消极影响的时候，就不要一味地迁就所谓的“主流思想”了，从小的范围内走出来，你会发现，还有更大的更好的环境可以去融入，并赞成你明智的做法。

3. 有的时候要顺其自然，不必刻意地进入某个环境中

每个人的思想和心智都会随着年龄的增长而日渐成熟。对于有些问题，就要有自己的判断能力，要正确地进行取舍。也有一些问题无关紧要，自然也就没有必要为了迁就某一方而委屈了自己的心意。比如，身边的人可能在奋斗了多年之后都成有房有车一族，而自己却还在奋斗的路上缓步前进，这时，不必急于为进入所谓的“主流社会”而背负大笔的贷款去买房买车了。

定律43

完美笑话公式：

笑话是一种救世主式的力量

定律阐释

完美笑话公式，由心理学家海伦·皮彻等人提出，具体定义为："完美笑话是能够在语句简练的叙述中，通过具有喜剧因素的妙语让人笑得前仰后合，但又不会引起社交场合的尴尬。"其公式表示为：x=（fl+no）/p。

神奇的笑话公式

有这样一则笑话：

两个猎人进森林里打猎，其中一个猎人不慎跌倒，两眼翻白，似已停止呼吸。另一猎人赶紧拿出手机拨通紧急求助电话。接线员沉着地说："第一步，要先确定你的朋友已经死亡。"于是接线员在电话里听到一声枪响，然后听到那猎人接着问："第二步怎么办？"

这则笑话看起来似乎和众多笑话一样，没有什么特别之处，但是，这则笑话却曾被评为英国科学促进协会所公布的世界最有趣的笑话。据了解，这个笑话是由一位31岁的精神科医生加索尔提供的。他认为该笑话得奖的原因是它迎合了大众的一个心理，即让人觉得还有人比自己更笨、做出更愚蠢的事情。

其实，提到笑话，对于大部分人来说，只是生活劳累时的调剂品，不会过多地关注或者收集。但是，美国科学家对笑话进行了深入的研究，并总结出了一个完美笑话的数学公式：x=（fl+no）/p。其中，x表示笑话的完美程度，f代表笑料的有趣程度，l表示笑话的长度，n表示听笑话者笑得前仰后合的次数，o表示引起尴尬的程度，p表示双关语的数量。x的值在0到200之间，当x的值达到200分的时候，这个笑话就可以称得上是完美的笑话了。这个笑话公式是由一些心理学家和喜剧表演艺术家共同切磋后得出的，据说他们进行这项研究的动机是想证明“看似严肃的科学家其实也很有幽默感”。

科学家认为，成功的笑话并不是单纯通过公式的数值体现出来的，关键在于能让人真正感觉到开心和放松，而且还适合特定的场合。与此同时，笑话的长度也很有讲究，不能太长，这样人们会产生听觉疲劳，也不能太短，让人们没有时间领会笑话的内容和含义。完美笑话公式的提出，使很多人关注到了笑话在人们日常生活中所起到的作用，同时不再提倡用双关语的方式构思出来的笑话。在公式提出者看来，使用双关语的笑话只是低级的让人发笑的笑料，不能称为真正意义上的笑话。

心理学家海伦·皮彻作为这个笑话公式的作者之一，认为人们可以以这个公式为衡量标准，构思出大量符合人们审美口味的笑话。但是笑话的创作不是像流水线生产产品那样简单，笑话的创作需要作者具备多方面的能力，其中，是否有喜剧天分是笑话作品成功与否的关键。

遭遇尴尬时可以说说笑话

日常生活中，甚至正式场合下，我们都难免会遭遇一些尴尬场面，此时自己就好像站在悬崖边上，前面是深渊，后面是追兵。这时，幽默语言引发的笑声，就像突然长出的翅膀，能把人带出这个进退维谷的地方。

因此，如果想从尴尬的窘境中快速脱身，你不妨试试幽默的方式。当我们面临不好回答的问题，而又不能以“无可奉告”进行简单的回答时，也不妨幽默一下，一笑了之。

1988 年，美国第 41 届总统竞选。民意测验表明：在 8 月份之前，民主党总统候选人杜卡基斯比共和党总统候选人布什多出十多个百分点。当布什与杜卡基斯进行最后一次电视辩论时，布什辩论的策略是抓住对方的弱点，揭其要害，戳在痛处，从而让对方陷入窘境。杜卡基斯嘲笑布什不过是里根的影子，用嘲弄的方式发问：“布什在哪里？”

布什诙谐、轻松地回答了他的发问：“噢，布什在家里，同夫人芭芭拉在一起，这有什么错吗？”平淡一句，却语意双关，既表现了布什的道德品质，又讥讽了杜卡基斯的风流癖好，置杜卡基斯于极尴尬的境地。

另外，布什还抓住杜卡基斯习惯眨眼睛的弱点予以攻击。布什的竞选团利用电视屏幕创造了一个外交方面富有经验、刚强果断的布什形象，他们炮制了一个布什与戈尔巴乔夫握手的镜头，旁白说布什能与戈尔巴乔夫抗衡，两眼直瞪着，坚定不移。同时挖苦眨眼睛的杜氏，并问怎能相信总是眨眼的人能推行坚定的外交呢。最后布什的选票由落后转向优势。

美国一位心理学家说："幽默是一种最有趣、最有感染力、最具有普遍意义的传递艺术。"得体的笑话在人际交往中是一种不可低估的力量，尤其是当自己身陷尴尬的境地时，它可以将利剑化为花朵，轻松化解紧张的人际关系。

各国人，不论种族、肤色如何，都喜欢充满诙谐与智慧的

笑话，但不同国家对幽默又有着不同的理解。以下是几年前评选出的一些国家的最佳笑话，我们可以用完美笑话公式来验证一下，以证明这些笑话是否名副其实。

1. 瑞典最佳笑话

有个衣着光鲜的斯德哥尔摩人到乡下打猎，只见他举起枪，瞄准一只鸭子，一发命中。可是鸭子却掉在一个农夫的地里，农夫声称鸭子是自己的。既然双方都要这只鸭子，农夫就想了个解决争端的办法，也就是农村人常用的老办法。只听农夫说："我踢一下你的裤裆，有多大力踢多大力，你也这么踢我。谁的惨叫声最小，鸭子归谁。怎样？"

城里人同意了，于是农夫高高抬起一脚，朝城里人那要命的地方狠命地踢了一脚，城里人一下子瘫倒地上。20分钟后，城里人好不容易才站起来，样子痛苦无比，喘息着说道："轮到我了！"只听农夫在远远的地方转过头来喊道："鸭子归你啦！"

2. 阿根廷最佳笑话

一对老夫妇去汉堡餐厅吃饭，只见他们把一个汉堡包和一份炸鸡分成两半，一人一份。一个卡车司机看着，心里很过意不去，就凑上去说，干脆由他出钱，帮老婆子买一份算了。老头子一听，说："太好了，谢谢了，不过我们什么都是一起享用的。"

几分钟后，卡车司机发现老太太一口都没吃，就忍不住对老头子说："我真的心甘情愿给你老婆子这买一份的，你就让她吃吧。"老头子很肯定地说："她会吃的。我们什么都是一起用的。"

卡车司机不相信，就问老婆子说："你干嘛不吃呀？"

只听老婆子突然大声地说道："我得等着用这死老头子的假

牙啊！”

3. 巴西最佳笑话

所有的生灵都在排队等着上挪亚方舟，一只母跳蚤实在等得不耐烦了，就在动物的背上跳来跳去，想尽量跳到最前面去。她跳着跳着，终于跳到一头大象背上。只听那头庞然大物一语双关地对他的配偶说："我明白了。大家都是这么干的，都是拼命往里塞，使劲往里挤！"

4. 中国最佳笑话

我侄女总爱"借"她哥哥放在储蓄罐里的那点儿钱，把哥哥逼得快疯了。有一天，侄女到处找那个储蓄罐，什么地方都找遍了，就是没找到。最后终于在冰箱里找到了，只见罐里面放着一张字条，写道："好妹妹，我希望你能明白，哥的资本全被冻结了。"

以上几则笑话，可以在一些合适的社交场合为人们的人际交往增色不少，恰当地选择、合适地运用是关键。但是，在让人忍俊不禁的同时，也许也会引发人们的思考：在科学越来越进步的时代，也许什么事物都可以清晰到公式化，不过要是真的到了什么事物都可用公式进行计算，那就会使人们缺乏去继续探索的热情。正是因为未知，因为好奇，所以才会加快前进的脚步。其实，完美的笑话本身也终究只是个笑话。

定律44

自信心定律：

出色工作，先点亮心中的自信明灯

定律阐释

自信心定律，指一个相信自己有能力完成各种任务、能应付各种事件、能达到预定目标的人，必然是一个充满自信的人，也是非常容易成功的人。

丢掉第 6 份工作引发的**职场思考**

“难道我真的一无是处，是个没用的人？”刚刚失去第 6 份工作的李磊（化名）想起 3 年来在工作中的点点滴滴，对自己彻底失去了信心。

他说，前几天刚被老板辞退，这已经是他毕业 3 年来的第 6 份工作了。他自己觉得，不自信是丢掉工作的主要原因。原来，1 周前李磊到一家牙科诊所应聘，老板问他是什么学历，因为害怕老板嫌弃自己的学历低，李磊便谎称是本科学历，而实际上他是大专学历。本以为老板只是随意问问学历，没想到上班之后，老板天天要他拿出学历证书。再也瞒不过去的李磊只得向老板吐露了实情，结果第2天老板就以“为人不诚实”将他辞退了。

“一家私人诊所可能也不会太在乎学历，我毕业3年了，有实践经验，这对老板来说可能比学历更为重要。”李磊很后悔当初不自信，没有对老板说实话。

李磊的经历给我们带来了深刻的思考：职场上，自信心对于一个人很重要。要想老板看重你，首先要自己看重自己。

客观上来说，一个人有没有自信，来源于对自己能力的认识。充满自信就意味着对自己信任、欣赏和尊重，意味着对工作胸有成竹、很有把握。

积极的心态是个人决胜未来最为根本的心理资本，是纵横职场最核心的竞争力。

所谓的积极心态，自信心当然是非常重要的一部分。一个失去自信的人，就是在否定自我的价值，这时思维很容易走向极端，并把一个在别人看来不值一提的问题放大，甚至坚定地相信这就是阻碍自己进步的唯一障碍，自然就很难有出类拔萃的成就了。

事实上，工作中若能时刻保持一种积极向上的自信心态，即使遇到自己一时无法解决的困难，也会保持一种主动学习的精神，而这种内在的、自发的主动进取，往往会让我们把事情做得更好。

对比一下身边的人和事，我们不难发现，很多自信的人工作起来都非常积极、有把握，并且取得了出色的工作业绩；而那些总认为“我不行”“做不了”“我就这水平了”的人，尽管有过多年的工作经历，但工作始终没有什么起色。

所以，在职业生涯中，必须充满自信。自信心是源自内心深处、让你不断超越自己的强大力量，它会让你产生毫无畏惧、战无不胜的感觉，这将使你工作起来更加积极。

自信飞扬，做职场冠军

在工作中，我们常会遇到这样的情况：挫折袭来，有的人始终不能产生足够的自信心，从而一蹶不振；有的人却能在焦虑和绝望后迅速产生强大的自信心，从而拼劲十足地实现目标。

其实，产生这种差异并不完全是由先天因素决定的，往往是因为前者平时不注重自信心的树立；后者却懂得经过长期的自我训练，增强自信心。

无论从事什么职业，自信都能给人以勇气，使你敢于战胜工作中的一切困难。工作上，谁都愿意自己出类拔萃，这就要求我们必须挑战人生，要挑战就必须以充满自信为前提。如果我们连自信心都没有，能做好什么事呢？

大家都知道毛遂自荐的故事，正因为毛遂有极强的自信心，所以才敢向平原君推荐自己，并最终出色地完成了任务。

既然自信心如此重要，那么，我们要怎样做才能树立自信心呢？

首先，在平时的工作中要不断地学习，不断地提升自己。阿基米德说过：“给我一个支点和一根足够长的杠杆，我就能撬动整个地球。”有如此的自信，那是因为他深入掌握科学的原理。关羽之所以敢独自一人去东吴赴会，是因为他深知自己的本领……正所谓“有了金刚钻，才敢揽瓷器活”。

其次，要有一定的耐心和毅力。有些事情不是一朝一夕就能做好的，需要我们持之以恒地努力。要用长远的目光看待目前遇到的困境，相信我们有能力去解决它，相信自己，最后的成功必定是我们的。

最后，不要总想着自己的缺点，要时刻告诉自己“我是最棒的”“我是优秀的”。每个人都有缺点，完美无缺的人是不存在的，对自身的缺点不要念念不忘。要知道，别人可能并不那么在意你的缺点。要相信自己，相信自己是最棒的、最优秀的。

定律45

青蛙法则：

居安思危，
让你的职场
永远精彩

定律阐释

青蛙法则，说的是如果把一只青蛙放进冷水锅里，然后慢慢地加温，青蛙会随水温逐渐升高而被煮死；相反，如果把一只青蛙直接放进热水锅里，它便会立刻感觉到危险，并迅速跳出锅外。这个法则旨在提示人们要懂得居安思危。

生于忧患，死于安乐

19 世纪末，美国康奈尔大学进行了一个实验：他们将一只青蛙扔进一个沸腾的大锅里，青蛙一接触到沸水，便立即触电般地跳到锅外，死里逃生。实验者又把这只青蛙丢进一个装满凉水的大锅，任其自由游动，然后用小火慢慢加热。随着温度慢慢升高，青蛙并没有跳出锅去，而是被活活煮死。

前面“青蛙未死于沸水而灭顶于温水”的结局，很是耐人寻味。若是锅中之蛙能时刻保持警觉，在水温刚热之时就迅速跃出，也为时不晚，就不至于落得被煮死的结局。这就让我们想起了孟子曾说过的一句话：“生于忧患，死于安乐。”

一个人如果丧失了忧患意识，那么就会像被水煮的青蛙一样，在麻木中“死亡”。所以，在从初涉职场到工作干练的渐变过程中，我们要保持清醒的头脑和敏锐的感知，对新变化做出快速的反应。不要贪图享受，安于现状，否则当你意识到环境已经使自己不得不有所行动的时候，你也许会发现，自己早已错过了行动的最佳时机，等待你的只是悲哀、遗憾和无法估计的损失。

漫漫职场路，我们都希望自己能一帆风顺，不希望遇到忧患与危机。但客观上讲，忧患与危机并不是什么可怕的魔鬼，当它们出现在我们面前时，往往能激发潜伏在我们生命深处的种种能力，并促使我们以非凡的意志做成平时不能做的大事。所以，与其在平庸中浑浑噩噩地生活，不如勇敢地承受外界的压力，过一种更有创造力的生活。

当今世界上，有许多人都把自己的成功归功于某种障碍或缺陷带来的困境。如果没有障碍或缺陷的刺激，也许他们只能挖掘出自己20%的才能；正因为有了这种强烈的刺激，他们另外80%的才能才得以发挥。

所以，身处今天快节奏、不断变幻的职场，我们要懂得居安思危。要知道，危机并不代表灭亡，而恰恰可能是一种契机。我们经由这些危机，往往会发现自己真正的价值所在，激发出深藏于心的巨大力量，从而使人生更加精彩。

在危机意识中前进

我们都知道，未来是不可预测的，人也不可能天天走好运。正因为这样，我们更要有危机意识，在心理上及实际行为上有所准备，以应付突如其来的变化。有了这种意识，或许不能让问题消弭，却可把损害降低，为自己打开生路。

常言道，一个国家如果没有危机意识，迟早会出问题；一个企业如果没有危机意识，迟早会垮掉；一个人如果没有危机意识，也肯定无法取得新的进步。

那么，我们具体该如何在竞争激烈的职场中提升自己的危机意识呢？在工作中，我们应该时刻提醒自己：只有全身心投入生产和革新中，公司才能生存，我们才有机会发展，否则终将难逃被淘汰的事实。

当今社会的快节奏和激烈的竞争，令很多人在35岁时遇到这样一个困惑：为什么多年来我一事无成？接下来的岁月我应该做些什么？在机会面前，许多人不敢贸然决定。因为他们从心理上理解了人生的有限，而自己也开始重新衡量事业和家庭生活的价值，于是产生了职业生涯危机。这就是著名的“35岁危机论”。

罗伯特先生35岁，自我感觉过去对工作、对自己的认识似乎有错误，而自己长期养成的行为习惯好像变成了事业的绊脚石。想改变自己，又不忍心否定过去；想改变生活方式，又担心选择的并不是最适合自己的。两年前，他终于下定决心放弃了某公司副经理的职位，参加MBA考试并重回校园深造。

现在，完成学业的罗伯特先生在找工作时却犯了难。罗伯特先生业已投出上百份简历，但有回音者寥寥无几。罗伯特先生说，自己并不要求高起点的薪金，而只要求一个管理类的工作职位。然而他发现，“社会上已经人满为患”。

罗伯特先生曾读过一篇题目为《35岁，你还会换工作吗》的文章，文中专家说：“社会对35岁以上的求职者提出了较高的要求，必须通过不断学习和更新知识，提高自身竞争力。”对此罗伯特先生很纳闷：我正是为了完善自己才去学习，为什么反而让社会把自己挤了出去呢？

其实，像罗伯特先生这种工作以后又重返课堂充电，充电后再找工作重新迎接社会的挑战，已不仅仅是35岁的人才会面临的境况。有人甚至感叹：“不充电是等死，怎么充了电变成找死了？”

最关键的一点是：我们要明白，人生的经历是积累的，不要以为学习充电后就无须面临社会“物竞天择，适者生存”的自然选择。以前的经历是你的宝贵财富，但这并不能让你在职场上永操胜券。千万不要有一劳永逸的期待，要时刻保持危机意识，告诉自己“一定要快跑，不够优秀在什么时候都会被淘汰”。

定律46

鸟笼效应：

埋头苦干要远离引人联想的“鸟笼”

定律阐释

鸟笼效应，是心理学家詹姆斯提出的一个有意思的规律：如果一个人买了一个空的鸟笼放在自己家的客厅里，过了一段时间，他一般会丢掉这个鸟笼或者买一只鸟回来养。

远离让人欲罢不能的“鸟笼”，不让老板怀疑你

心理学家詹姆斯有一天与好友卡尔森打赌，说：“我敢保证，不久后你会养一只小鸟！”卡尔森一听，觉得很荒唐，就笑着说：“你在开玩笑吧？我从来就没有过这种想法。”

几天后，卡尔森过生日，朋友们都来为他庆祝。詹姆斯也来了，还带了一只精致的鸟笼作为生日礼物。

卡尔森接过鸟笼，想起几天前詹姆斯说的话，就会意地笑

笑说："好你个詹姆斯，你还真想让我养鸟啊！可惜，最后你肯定会失望的。不过，还是要谢谢你的鸟笼，我很喜欢它。"说完便将鸟笼挂在了自己的书桌旁。

从此以后，来拜访卡尔森的客人都会问他同一个问题："教授，您养的鸟死了吗？"而且每位客人与他谈话的时候，都会提一些与鸟相关的话题，比如告诉他养鸟的知识，委婉地规劝他养鸟需要责任心和爱心，还有养鸟时的一些注意事项等。每当此时，卡尔森就一遍一遍地向客人解释——他从未养过鸟。不过客人们都不相信，反而认为他心理出现了问题。

卡尔森百口莫辩，有苦难言。想扔了这鸟笼，又不舍得，它那么漂亮，而且还是别人送的礼物；不扔这鸟笼，又惹出那么多恼人的猜测、莫须有的事端。想来想去，万般无奈之下，他只好沿着詹姆斯的预测走，买了一只鸟儿放在笼子里，这总比整天解释和被人误解好多了。

这就是著名的鸟笼效应，詹姆斯用他的心理学知识涮了好友一把。

其实，鸟笼效应在我们的生活、工作中会常常遇到。人们总是不自觉地在自己的心里先挂上一只"鸟笼"，再不由自主地往笼子里放"小鸟"。

人们大部分情况下很难亲眼看到事情的真相，所以很多事情都会靠着常规思路进行推理。你认为努力工作的人就应该天天加班，而更多的人却觉得工作量正常还每天加班就是占用了公司的资源。如果你给同事、老板留下这样的印象，那你可就惨了。不要给老板怀疑你的机会，不要给同事议论你的可能。

要学会遵循所在公司的“潜在规则”，这样你的职场生活才会一帆风顺。

加班和加薪没关系

职场潜规则：加班和加薪没关系，决定加薪的因素是你的能力。能力是最好的语言，业绩是最好的证明。只有具有扎实的本领，你才有发言权，否则无论你说再多，也是无用的。

下面，我们来看一则关于本领的寓言：

有一次，在一场比赛上，鼯鼠夸耀说自己会很多本领。比赛开始了，最先比的是飞行。一声哨响，老鹰、燕子、鸽子一下就飞得没影了，鼯鼠扑腾着飞了几丈远就落了下来，着地时还没站稳，摔了个嘴啃泥。赛跑比赛，兔子得了第一后，躺在树下睡了一觉醒来，鼯鼠才跌跌撞撞地跑到终点。游泳比赛，鼯鼠游到一半就游不动了，大声喊起救命来，多亏了好心的乌龟把它驮回岸上。比赛爬树时，鼯鼠还没爬到树顶就抱着树枝不敢再爬，顽皮的猴子爬到树顶后摘了果子往它头上扔，明知道它不敢用手去接，还故意说请它吃水果。和穿山甲比赛打洞，穿山甲一会儿就钻进土里不见了，鼯鼠吃力地刨啊刨，半天才钻进半个身子。观众见它撅着屁股怎么也进不去，都哄笑起来。

在工作中，如果没有真才实学，即便终日卖力地加班，也会像鼯鼠一样遭到大家的嘲笑。即使我们说得再好听、吹嘘得再花哨，如果没有能力、没有业绩，无论在领导面前，还是在同事面前，甚至在下属面前，仍然很难挺起腰杆儿。

职场，是用本领说话的地方。

14 岁就到煤矿做工的斯蒂芬森，在煤矿中从事的工作就是擦拭矿上抽水的蒸汽机。后来，他当上了煤矿的保管员，这使他有机会接触到更多的机器。

他感到，当时落后的运输工具已经不能适应正在迅速发展的煤矿业，于是他就想发明一种“强有力的运输工具”。

于是，他下决心努力学习文化。他都 17 岁了，却是个文盲，“既然基础等于零，那就从零开始吧”，他与启蒙的儿童一起在夜校的一年级就读。为了更好地进行蒸汽机的研究，他在工作之余，对蒸汽机构造的原理进行钻研，并运用自己所学的知识，开始进行“强有力的运输工具”的发明。

他经过一番呕心沥血的钻研，在 1814 年造出了第一台蒸汽机车。但是试车却失败了，他受到了诽谤和责难。他并没有因此而灰心，继续研究并对其加以改进。他于 1825 年 9 月 27 日在英国斯托克顿至达灵顿的铁路上，对世界上第一台客货运蒸

汽机车“旅行号”进行了成功的试车。人们热烈地庆贺火车的诞生。他于1829年10月驾驶着新制的“火箭号”参加了在利物浦附近举行的一次火车功率大赛，并获得了胜利。

斯蒂芬森成功了，经过多年的努力与坚持不懈，他自己的能力和本领在不断的实践中提升、完善。他的经历让我们更加清楚地看到——用本领说话才是最有力的。做任何事情，不下一番功夫，就不会有所收获。每个人都希望自己在职场上占据优势地位，都希望自己能够加薪升迁，然而仅仅有这种上进的思想是远远不够的，因为理想与现实之间的距离需要努力去弥补。只有掌握了扎实的本领，才能在工作中游刃有余。

定律47

鲁尼恩定律：

戒骄戒躁，做笑到最后的大赢家

定律阐释

鲁尼恩定律，由奥地利经济学家 R.H. 鲁尼恩提出。它讲的是，赛跑时不一定快的赢，打架时不一定强的赢。戒骄戒躁，笑到最后的才是真正的赢家。

气怕盛心怕满，**工作中要戒骄戒躁**

有一天，孔子带着自己的学生去参观鲁桓公的宗庙。在宗庙里，他看到了一个形体倾斜、可用来装水的器皿，就向守庙的人询问："请告诉我，这是什么器皿？"守庙的人告诉他："这是欹器，是放在座位右边，用来警诫自己，如'座右铭'一般用来伴坐的器皿。"孔子一听，接着说："我听说这种器皿，在没有装水或装水少时就会歪倒；水装得适中，不多不少的时候就会是端正的；而水装得过多或装满了，它也会翻倒。"说完，扭头让学生们往里面倒水试试。学生们听后舀水来试，果然如孔子所说：水装得适中时，它就是端正的；水装得过多或装满了，它就会翻倒；而等水流尽了，里面空了，它就倾斜了。这时候，孔子长长地叹了口气说道："唉！世界上哪里会有太满而不倾覆翻倒的事物啊！"

我们的心也像这欹器，自我评价太低就会抬不起头做人，自我评价适中就会积极面对人生，自我评价过高就会四处碰壁。水满则溢，月满则亏。做人要有长远眼光，不能被一点小小的成就绊住了前进的脚步，而导致最后的失败。

张军和李静是大学同班同学，两个人一起应聘到一家公司。论实力，李静根本不是张军的对手。本来理工科就是男强女弱，张军在计算机方面又有超强的天赋，而李静恰巧又长了个"不开窍"的脑瓜，所以他们俩之间的差距就更大了。可是进公司半年后，李静却意外地比张军先升了职。

其实，这也不奇怪，正如"龟兔赛跑"一样，实力强的不一定最后就会赢。张军自恃能力很高，觉得在这样的公司根本不需要再学习和进修，他的聪明才智完全可以应付一切工作。不仅如此，他对待工作也是马马虎虎，觉得交给自己的工作有辱自己的智商。而李静则知道自己实力不行，所以工作之余依然不断地继续学习深造，对于上级交下来的每一项任务都认真对待，还乐于向身边的人请教。所以，出现李静先升职的现象是必然的。如果张军再不反省，还是那样的工作态度，那么最后可能会遭遇辞退的命运，哪个公司都不需要这种眼高手低、骄傲自大的员工。

气怕盛，心怕满。这是因为气盛就会凌人，心满就会不求上进。真正成功的人都极力做到虚怀若谷，谦恭自守。一个人成功的时候，还能保持清醒的头脑，不趾高气扬，那么他往往会取得更大的成功。

当迪普把议长之职让出来，以拥护林肯政府的时候，在一般人看来，由于他对党的贡献，不知该受到多么热烈的欢呼、称赞才好。他说："傍晚我当选为纽约州州长，一小时之后又被推选为上议院议员。不到第二天早晨，好像美国大总统的位置便等不及让我的年纪足够后就落到我头上了。"他用这种调侃，善意地批评了别人对他的夸大赞扬。虽然迪普那时很年轻，但是头脑却很清醒，并不因为别人对他的那种夸张的称赞而自高自大。即使在那时，他还是能保持他那种真正伟大的特性——不因为别人的奉承而趾高气扬。

你能够承受得住突然的飞黄腾达么？要衡量一个人是否真正能有所成就，就要看他是否有这种承受能力。福特说："那些自以为做了很多事的人，便不会再有什么奋斗的决心。有许多人之所以失败，不是因为他的能力不够，而是因为他觉得自己已经非常成功了。"他们努力过，奋斗过，战胜过不知多少艰难困苦，凭着自己的意志和努力，使许多看起来不可能的事情都成了现实。然而他们取得了一点儿小小的成功，便经受不住考验了。他们懒惰起来，放松了对自己的要求，慢慢地下滑，最后跌倒了。在历史上，被荣誉和奖赏冲昏了头脑，从此懈怠懒散下去，最终一无所成的人，真不知有多少……

如果你的计划很远大，很难一下子达到，那么在别人称赞你的时候，你就把现在的成功与你那远大的计划比较一下，相比将来的宏伟蓝图，你现在的成功还只是万里长征的第一步，根本不值得去夸耀，这样一想，你就不会对眼前的一点儿小成就沾沾自喜了。

洛克菲勒在谈到他早年从事煤油业时，曾这样说道："当我的事业渐渐有些起色，我每晚把头放在枕上睡觉时，总是这样对自己说：'现在你有了一点点成就，你一定不要因此自高自大，否则你就会站不住，就会跌倒。因为你有了一点儿开始，便俨然以为是一个大商人了。你要当心，要坚持着前进，否则你便会神志不清。'我觉得我与自己进行这样亲切的谈话，对于我的一生都有很大的影响。我怕我受不住自己成功的冲击，便训练我自己不要为一些蠢思想所蛊惑，觉得自己有多么了不起。"

我们开始成功的时候，能够在成功面前保持平常心态，能够不因此而自大起来，这实在是我们的幸运。对于每次的成功，我们只能视其为一种新努力的开始。我们要在将来的光荣上生活，而不要在过去的冠冕上生活，否则终有一天会付出代价的。

执行到位，**笑在最后**

在现代职场中，有很多企业的员工凡事得过且过，做事不到位，在他们的工作中经常会出现这样的现象：

——5%的人不是在工作，而是在制造矛盾，无事必生非＝破坏性地做；

——10%的人正在等待着什么＝不想做；

——20%的人正在为增加库存而工作＝蛮做、盲做、胡做；

——10%的人没有为公司做出贡献=在做，但是负效劳动；

——40%的人正在按照低效的标准或方法工作=想做，而不会正确有效地做；

——只有15%的人属于正常范围，但绩效仍然不高=做不好，做事不到位。

大多数人正在按照低效的标准或方法工作，缺乏灵动的思维和智慧，永远忙乱，永远到最后才完成任务。

越来越多的员工只管上班，不问贡献；只管接受指令，却不顾结果。他们沉不住气，得过且过，应付了事，将把事情做得“差不多”作为自己的最高准则；他们能拖就拖，无法在规定的时间内完成任务；他们马马虎虎、粗心大意、敷衍塞责……这些统统都是做事不到位的具体表现。

沉不住气，做事不到位，就会造成成本的增加，成本的增加意味着利润的降低。做事不到位的危害不仅仅在于此，在市场竞争空前激烈的今天，一旦执行不到位，就会让对手赢得先机，使自己处于被动的地位。

2002年，华为接受俄罗斯一家运营商的邀请，派遣几名技术员到莫斯科，要他们在短短的两个月内，在莫斯科开通华为第一个3G海外试验局。

但是受邀请的不只华为一家，第一个被邀请的是一家当时比华为实力更强的公司，也就是说，华为的员工是第二批受邀前去调试的技术人员。于是，他们就和第一批技术人员形成了一种“一对一”的竞争关系。

由于对手的实力很强，一开始莫斯科运营商对华为的技术人员并不是很重视，不仅没有为他们提供核心网机房，甚至不同意他们使用运营商内部的传输网。缺乏这些必要的基础设施，华为的技术员开展工作时受到了很大的阻碍。因此，华为的员工压力很大，他们一直在思考怎样才能做得更好，以赢得运营商的信任。但眼看到了业务演示的环节，华为的技术员以为已经没有希望了。

不料，恰好这时候，对方的技术人员在业务演示中出现了一些小漏洞，引起了运营商的不满。为了弥补这些小漏洞，运营商决定将华为的设备作为后备。

于是，华为的几位员工紧紧抓住这个机会，夜以继日地投入工作中，最终向运营商完美地演示了他们的 3G 业务。

看完演示之后，运营商竖起了大拇指，立刻决定将华为的 3G 设备从备用升级为主用。

可见，执行到位关系到成败。执行到位，能够技压群雄；执行不到位，则可能前功尽弃、功亏一篑。

在工作中，要有长远的规划，不能为达成一个小目标或一时得到了上级的认可，就骄傲自满、停滞不前，这样你很快就

会被别人甩在后面，被职场淘汰。现在的职场是个时刻充满着竞争的地方，你不进步，就是在退步；你停滞不前，别人就会赶超过你。所以，不要满足于一时的成绩，要有一个大的方向、大的目标，不断前进。但也不要为一时的失败而气馁，要知道笑到最后才最美。

赢得成功，应当自觉戒除糊弄工作的错误态度，沉住气，为自己的工作结果树立标准，严格地落实到最后一个环节，不要认为事情快完成了就掉以轻心、马虎了事，而要确保每一环节都能严格落实到位。只有静下心来，以细致、认真的态度，戒骄戒躁，踏实做好每一项任务，我们才能保证执行的效果，才能为企业交上满意的答卷。

所以，无论你天资如何，无论你有多大的缺陷，决定你输赢的都不是这些，而是你是否能永远清醒地认识自己，是否能做到戒骄戒躁。在跑步时，跑得快的不一定赢；在打架时，实力弱的不一定输。没到最后一刻，都无法定输赢，只有笑到最后的人才是真正的赢家。所以，不懈地努力吧！

定律48

链状效应：

潜伏在办公室，想叹气时就微笑

定律阐释

链状效应，是指影响的作用力，人们在一起时会因为相互影响而发生改变，在特定的环境下，人们会做特定的行为。它强调人们相互的影响作用和环境对人的影响作用。

离职场抱怨远一点儿

有些人心胸不够宽大，对一些事情总是放不开，喜欢怨天尤人。如果你总和这样的人在一起的话，那么久而久之，你也会变成一个爱抱怨的人。这就是链状效应。所以，如果你不想变成一个“唠叨鬼”、一个“抱怨精”的话，那么就离那些爱抱怨的人远一点。

在职场上更是如此。如果有爱抱怨的同事，你千万要躲远一些。因为你不能为他解决任何问题，听他抱怨除了自找麻烦外，只能让自己的心情也变得很糟。而你本人，也千万不要对你的同事抱怨，特别是工作上的事情。如果你抱怨多了，除了自失尊严外，还会让同事对你避之唯恐不及。谁也不希望别人的消极情绪影响自己的好心情，所以想抱怨的时候，就微笑；有同事向你抱怨的时候，就一笑而过。

身在职场，就应该懂得职场内部的一些规则。不要把自己糟糕的形象暴露在同事面前，这样只会让他们觉得你很无能。不要抱怨工作辛苦，不要抱怨自己多干了活，更不要抱怨老板苛刻。办公室就是用来办公的地方，不是用来让你诉苦的场所。心中的委屈留着给密友说，或者干脆把它变成一种前进的动力，督促自己更加努力工作。化干戈为玉帛，化戾气为祥和，你也要化抱怨为动力，微笑面对自己的工作。

娄小明是公司刚从一家大企业挖来的人才，到公司后很受部门领导的器重。他学识渊博、才思敏捷，同事们也很佩服。有一次，总公司有一个出国深造的机会，让有资格去的人每人写份申请，并附带一份深造计划交到总部。娄小明的部门只有他和张小军符合资格，于是他俩就提交了申请和计划。可是每个部门只有一个出国深造的名额，两个人的实力都很强，资格也都够，领导就开会讨论让谁去比较合适。最后，讨论的结果是让张小军去。这让娄小明很不甘心，自己一点儿也不比张小军差，如果有差别的话，就是张小军是老总的亲戚，而自己不是。于是，他一有机会就向同事抱怨这件事，抱怨公司的领导如何不公正，自己的遭遇如何令人气愤，等等。他每次抱怨完都觉得心情很舒畅，而且认为同事们会和自己站在同一条战线上，替自己打抱不平。结果却不像他想的那样。张小军比他来公司的时间长，也很平易近人，与其他同事的关系都搞得不错。娄小明越是抱怨，同事们就越觉得张小军比娄小明的气量大，比他有担当。娄小明的抱怨直接地损害了自己的形象，却间接地提升了张小军的人气。于是，同事们对待娄小明的态度越来越冷淡，再没人觉得他是什么人才。娄小明自己也发现了这一变化，细想后才发现，这都是自己爱抱怨惹的祸，把自己原来的光环和神秘全都打破了，还给同事留下一个心胸狭窄的印象，而自己不能出国的事实一点儿也没有改变。

怨天尤人一点儿益处也没有，对你的工作不会有任何帮助，还会让别人看低你。所以，身在办公室，就要把自己消极的情绪锁起来，永远呈现出积极阳光、精明能干的一面，这才会赢得别人的尊重、领导的器重、工作的顺利。

耐心听你的抱怨，只是公司的假象

无论是老板还是同事，与你合作是希望你来解决问题，而不是听你抱怨。做好工作是你的本职，抱怨只能让人讨厌。如果你不能认识到这一点，你就离“死期”不远了。

“烦死了，烦死了！”一大早就听王宁不停地抱怨，一位同事皱皱眉头，不高兴地嘀咕着：“本来心情好好的，被你一吵也烦了。”王宁是公司的行政助理，事务繁杂，是有些烦，可谁叫她是公司的“管家”呢？事无巨细，不找她找谁？

其实，王宁性格开朗外向，工作起来认真负责。虽说牢骚

满腹，该做的事情一点儿也不曾怠慢，设备维护、办公用品购买、交通信费、买机票、订客房……王宁整天忙得晕头转向，恨不得长出八只手来。再加上为人热情，中午懒得下楼吃饭的人还请她帮忙叫外卖。

刚交完电话费，财务部的小李来领胶水，王宁不高兴地说："昨天不是刚来过吗？怎么就你事情多，今儿这个、明儿那个的？"抽屉开得噼里啪啦，翻出一个胶棒，往桌子上一扔，"以后东西一起领！"小李有些尴尬，又不好说什么，忙赔笑脸说："你看你，每次找人家报销都叫亲爱的，一有点儿事求你，脸马上就长了。"

大家正笑着呢，销售部的王娜风风火火地冲进来，原来复印机卡纸了。王宁脸上立刻晴转多云，不耐烦地挥挥手："知道了。烦死了！和你说一百遍了，先填保修单。"单子一甩，"填一下，我去看看。"王宁边往外走边嘟囔："综合部的人都死光了，什么事情都找我！"对桌的小张气坏了："这叫什么话啊？我招你惹你了？"

态度虽然不好，可整个公司的正常运转真是离不开王宁。虽然有时候被她抢白得下不来台，也没有人说什么。怎么说呢？她不是把应该做的都尽心尽力做好了吗？可是，那些“讨厌”“烦死了”“不是说过了吗”……实在是让人不舒服。特别是同办公室的人，王宁一叫，他们头都大了。“拜托，你不知道什么叫情绪污染吗？”这是大家的一致反应。

年末的时候，公司民意选举先进工作者，大家虽然都觉得这种活动老套可笑，暗地里却都希望自己能榜上有名。奖金倒是小事，谁不希望自己的工作得到肯定呢？领导们认为先进非王宁莫属，可一看投票，50 多份选票，王宁只得 12 张。

有人私下说：“王宁是不错，就是嘴巴太厉害了。”

王宁很委屈：“我累死累活的，却没有人体谅……”

抱怨的人不见得不善良，但常常不受欢迎。抱怨就像用烟头烫破一个气球一样，让别人和自己都泄气。谁都恐惧牢骚满腹的人，怕自己也受到传染。抱怨除了让你丧失勇气和朋友，对解决问题毫无帮助。其实，抱怨别人不如反思自己。

没有任何一家公司希望招进爱抱怨的员工，也没有任何一个人愿意同爱抱怨的人打交道。抱怨只能使人讨厌。即使别人看上去无动于衷，其实内心深处早已将抱怨的人列为不受欢迎的对象。作为职场人士，要想避免成为爱抱怨的人，就必须清醒地认识到下面这些现实：

（1）抱怨解决不了任何问题。分内的事情你可以逃过不做吗？既然不管心情如何，工作迟早还是要做，那何苦叫别人心生芥蒂呢？太不聪明了。有发牢骚的工夫，还不如动脑筋想想：

事情为什么会这样？我所面对的可恶现实与我所预期的愉快工作有多大的差距？怎样才能如愿以偿？

（2）发牢骚的人没人缘。没人喜欢和一个絮絮叨叨、满腹牢骚的人在一起相处。再说，太多的牢骚只能证明你缺乏能力，无法解决问题，才会将一切不顺利归于种种客观因素。若是你的上司见你整天哼哼唧唧，他恐怕会认为你做事太被动，不足以托付重任。

（3）冷语伤人。同事只是你的工作伙伴，而不是你的兄弟姐妹，就算你句句有理，谁愿意洗耳恭听你的指责？每个人都有貌似坚强实则脆弱的自尊心，凭什么对你的冷言冷语一再宽容？很多人会介意你的态度："你以为你是谁？"何况很多人不会把你的好放在心上，一件事造成的摩擦就可能使你一无是处。小心翼翼都来不及，何况是恶语相加？

（4）重要的是行动。把所有不满意的事情罗列一下，看看是制度不够完善，还是管理存在漏洞。公司在运转过程中，不可能百分之百地没有问题。那么，快找出来，解决它。如果是职权范围之外的，最好与其他部门协调，或是上报公司领导。请相信，只要你有诚意，没有解决不了的问题。当然，如果你尽力了，还是无法力挽狂澜，那么也尽快停止抱怨吧，不妨换个工作。

定律49

反馈效应：

你的沉默，会让老板很不安

定律阐释

反馈原本是物理学中的一个概念，指把放大器的输出电路中的一部分能量送回输入电路中，以增强或减弱输入讯号的效应。心理学借用了这一概念，以说明学习者对自己学习结果的了解，工作者对自己工作结果的了解，而这种对结果的了解又起到了强化作用，促进了学习者更加努力学习、工作者更加努力工作的心理现象，即反馈效应。

有反馈才有动力

心理学家C.C.罗西与L.K.亨利曾经做过一个心理实验。他们随机在一所学校里抽出一个班，把这个班的学生分为三组，每天学习后就对他们进行测验。第一组学生每天都告诉他们测验的成绩，第二组学生每周告诉他们一次测验的成绩，第三组学生则从来不告诉他们测验的成绩。8 周后改变做法，第一组与第三组的待遇对换，第二组待遇不变。这样过了 8 周以后，结果发现第二组的成绩保持常态，依然是稳步地前进，而第一组与第三组的情况发生了极大的转变：第一组的学习成绩逐步下降，第三组的成绩突然上升。这个结果说明：及时告知学生的学习成果有助于促进学生取得更好的成绩。反馈比不反馈要好得多，而即时反馈又比延迟反馈的效果更好。

心理学家赫洛克也做过一个类似的实验。他把被试者分成四个组，分别为激励组、受训组、被忽视组和控制组。激励组每次完成任务后，都会给予鼓励和表扬；受训组每次完成任务后，都要接受严厉的批评和训斥；被忽视组每次完成任务后，不给予任何评价，只让其静静地听前两组受表扬和挨批评；控制组不仅每次完成任务后不给予任何评价，而且还把它与其他三组隔离开。实验结果发现，激励和受训组的成绩明显优于被忽视组、控制组，控制组的成绩是其中最差的，受训组的成绩有所波动。这个结果表明，及时对工作的结果进行评价，能强化工作动机，增强工作动力，对工作起到促进作用。有反馈就会有动力，激励的反馈又比批评的反馈效果好得多。

后来，心理学家布朗又做了一个更深入的实验。他以小学高年级学生作为实验对象，把他们分成两组来做算术练习。这两组学生的演算能力均等，所做的练习题目也完全一样。第一组学生做完后，由老师来对他们的答案进行评定改正；而第二组学生做完后，他们的答案则由他们自己来加以改正，并把改正之后每天的正确数和错误数分列成表，以了解自己的进步情况。一个学期之后，两个小组同时接受测验。结果发现，后者的成绩比前者优异很多。这个实验表明，反馈主体与反馈方式的不同，效果也会有所不同。主动自我反馈比被动接受反馈效果好得多。

这一系列的心理实验表明：反馈比不反馈好得多，积极的反馈比消极的反馈好得多，主动反馈比被动接受反馈好得多。所以，平时我们要对别人的行为、活动给予及时的反馈，这样不仅有助于他人更好地完成工作，也有助于自己获取更多的信息。同时，我们也要对自己的工作、学习进行及时的自我反馈，这样才能更好地进步，取得更好的成绩。

有反馈才有动力，有反馈才能发现问题，有反馈才能进步，有反馈才能加深了解。对于领导布置的任务，要及时地给予反馈，更要主动地进行反馈，这样领导才能及时地知道你的工作进度和工作能力，对你产生信任和给予支持。所以，平时要养成主动向领导汇报工作的习惯。

要学会与**领导互动**

在职场上，尊重领导、听领导的话是非常必要的，但是一味地只知道听领导的话，而不懂得及时地给予领导反馈，就不会成为领导眼中的好员工。一个真正的好员工，要懂得听领导的话，更要懂得与领导形成互动。

员工积极主动，不仅能更好地完成自己的任务，还会增进领导对你的信

任和好感。

领导日理万机，需要考虑的事情太多，百密难免会有一疏。如果员工能做到经常主动向上司汇报工作进度，这样既能提醒领导，又能获得即时的信息，促进自己更好更快地完成工作，也帮领导省了不少心。会替领导想的员工才是领导眼中的好员工。定期主动向领导汇报工作进度，让领导看到你的努力和能力，使领导对你放心。

如果你总是沉默，老板会很不安。交给你的任务，老板需要知道你的进度，这样才好给你安排其他的工作，或者进行下一步的规划，给别人分配任务。公司里员工的分工都很明确，你的工作任务一般与其他人的工作都是环环相扣的，只有明确地知道你的进度，才不会影响公司的整体运作。不要总是等着老板来问你：“××，某某工作做得怎么样了？明天下午能不能完成？”这样老板的心里会很不高兴，并会认为你工作不积极，不是个能担当大任的员工。而如果反过来，你不等他来问，主动向他汇报你的工作进度和自己对工作的想法、看法以及意见，那他会很欣慰，认为自己招到了一个能干聪明的职员。所以，有什么事就及时与领导沟通，这样你的工作会进行得更顺利，与领导的关系也会更亲密，有问题也找不到你身上。何乐而不为呢？

硬撑不是英雄，如果你耽误了工作，谁也不会为你求情。所以，以后工作中有任何问题都要记得及时向领导汇报，有互动才能更好地完成工作。

定律50

拆屋效应：

不要拒绝自以为不可能完成的任务

定律阐释

拆屋效应，是指先提出一个很大的要求，然后再不断降低要求以被他人接受的现象。应用到职场上，就是不要拒绝领导所提出的“重任”，因为这有可能是你飞黄腾达的机会。

困难面前，**勇于挑战**

拆屋效应的由来，与鲁迅先生的一篇文章有关。1927 年，鲁迅先生作了一篇名为《无声的中国》的文章，其中有一段话写道：“中国人的性情，总是喜欢调和、折中的，譬如你说，这屋子太暗，说在这里开一个天窗，大家一定是不允许的，但如果你主张拆掉屋顶，他们就会来调和，愿意开天窗了。”因此，这种为了使较小或较少的要求得以满足而先提出较大或较多要求的现象，在心理学上就被称之为拆屋效应。

其实不光中国人这样，这是人类的共性。人们在面临不希望发生的事时，会不自觉地启动两种心理机制：一种是设法采取一些措施避免事情的发生；另一种是调整内在的心理矛盾，准备接纳这一不可改变的事实。如果在心理调整进入平衡状态时出现了一个新的选择，而这个选择又正好与内在平衡状态相近时，就很容易被内化接纳。

在难题面前，人们往往会退而求其次。对于“不可能完成”的任务，很少人会愿意去接受，而且很多困难容易在人的心理上被放大。人们在听到比较困难的问题或被人提出难以接受的要求时，一般都会先拒绝。但是如果别人降低问题的难度或要求时，人们就会犹豫。如果再次降低，人们一般就会答应了。一方面是不好意思再拒绝，另一方面是感觉这个问题与要求自己也能解决或满足。

在工作中，人们也常常会有这种心理。当老板布置难度比较大的任务时，一般大家都会打退堂鼓。“难度那么大，很难完成的，根本就是费力不讨好的苦差。”大多数员工都会这么想。而如果老板把工作的难度降低一些，就会有人接受了。但是，虽然现在的老板大多都听过这个效应，明白这个道理，但相比之下，他们还是更加欣赏那些敢于接受难题、挑战自我的员工。

当领导分配下来特别难以完成的任务时，他可能已经利用了拆屋效应，他的要求看起来很高，可心理期望值并不高，这样的任务其实才是责任风险很小的任务。你这时敢于接受这个任务，已经让领导对你产生好感，认为你是有胆量的人。而如果你只知道一味退缩，那么领导和同事都会觉得你是个怯懦、不敢担当的人。如果你接受了这个难以完成的任务，即使到最后真的没有完成，领导也不会太苛责你，因为他在下达任务时已经有了心理准备；如果有幸完成了，那么你肯定会获得领导的信任和器重。

在职场上，要想比别人职位高，要想比别人升得快，就得敢于挑战别人不敢碰的“烫手山芋”。狭路相逢勇者胜，这是亘古不变的真理。所以，当领导分配下来看似无法完成的任务时，你要敢于接受，但说话时也应注意分寸，不要说得过于肯定。要这样说：“这个工作对我来说有点儿难度，不过我会尽全力的。”这样即使你不能完成，领导也不好说什么。在任务执行过程中，一旦发现以自己目前的能力实在是无法完成，就要及时与领导沟通，让领导知道你的情况，以便调整工作要求或更改执行方案。这样既不影响工作进度，也不会给公司造成损失，而且也能锻炼自己的工作能力。

勇于担当的人最受欢迎

职场规则：公司将你招进来不是为了摆设，不是为了凑数，而是为了解决问题，尤其在关键时刻更需要你勇于担当。无数事实证明，勇于担当的人更容易在职场中获得成功。

面对工作中的任务，无论大小、难易，在公司需要的时候如果你能够挺身而出，那么每一个任务都可能成为你脱颖而出的机会。

不要在心里说：“反正不是我的事，再说了还有别人，我干吗出头，做吃力不讨好的事？”不要以为自己现在还处于公司最底层就人微言轻，就不敢去做，犹豫徘徊。在任务面前，每个人都是英雄。如果你能够发扬舍我其谁、勇于担当的主人翁精神，那么你很快就能够脱颖而出，为自己赢得发展的机遇。在这里，古人毛遂为我们树立了一个很好的榜样。

一个年轻人要想成功，在关键时刻必须要像毛遂那样能够挺身而出，这样才能抓住发展的机遇。勇于担当可以让一个职务低微、毫无背景的员工成为老板眼中的“重磅人物”。

职场中每个任务都是一次机遇。如果你能够认清自己的使命，勇于负责，在公司和老板需要的时候挺身而出，承担起重任，那么随着工作中一个个任务的完成，你也必定能够一步步地接近成功。

定律51

破窗效应：千里之堤，溃于蚁穴

定律阐释

如果有人打破了建筑物的窗户玻璃，而这扇窗户又得不到及时的维修，别人就可能受到暗示性的纵容去打碎更多的玻璃。久而久之，这些破窗户就给人造成一种无序的感觉。那么，在这种麻木不仁的氛围中，犯罪就会滋生、蔓延。

从“小奸小恶”谈企业管理

环境具有强烈的暗示性和诱导性，不要轻易去打破任何一扇窗户，一旦一个缺口被打开，即使看上去微不足道，如果不及时制止，其恶劣影响就会滋生、蔓延。这就是所谓的破窗效应。

事实上，这一效应在企业管理中具有重要的借鉴意义。对待企业中随时可能发生的一些“小奸小恶”的态度，特别是对于触犯企业核心价值观念的一些“小奸小恶”的处理态度，是非常重要的。

美国有一家以极少炒员工鱿鱼著称的公司。

一天，资深车工杰瑞为了赶在中午休息之前完成2/3的零件，在切割台上工作了一会儿之后，就把切割刀前的防护挡板卸下来放在一旁，没有防护挡板收取加工零件会更方便、更快捷一点。大约过了一个多小时，杰瑞的举动被无意间走进车间巡视的主管逮了个正着。主管大发雷霆，除了监督杰瑞立即将防护板装上之外，还站在那里控制不住地大声训斥了半天，并声称要作废杰瑞一整天的工作量。到此，杰瑞以为此事结束了，没想到第二天一上班，便有人通知杰瑞去见老板。在杰瑞受过很多次鼓励和表彰的总裁室里，杰瑞接到了要将他辞退的处罚通知。总裁说："身为老员工，你应该比任何人都明白安全对于公司意味着什么。你今天少完成几个零件，少实现利润，公司可以换个人换个时间把它们补回来，可你一旦发生事故失去健康乃至生命，那是公司永远都补偿不起的……"

离开公司那天，杰瑞流泪了。在工作的几年间，杰瑞有过风光，也有过不尽如人意的地方，但公司从没有人对他说不。可这一次不同，杰瑞知道，他这次碰到的是公司灵魂的东西。

作为一位出色的管理者，我们应当认识到破窗理论在企业中的重要作用。

对员工中发生的"小奸小恶"行为，要给予充分的重视，加重处罚力度，严肃公司纪律，这样才能防止有人效仿这种行为，积重难返。特别是对违犯公司核心理念的行为要严肃查处，绝不姑息养奸。

要鼓励、奖励“补窗”行为。不以“破窗”为理由而同流合污，反以“补窗”为善举而亡羊补牢，这体现了员工高尚的道德情操和自觉的成本意识。公司要提倡这种善举，通过表扬、奖励措施使之发扬光大。

自己要以身作则，不做“破窗”的第一人。自觉遵守公司规章制度，按程序办事，不做违反程序的事。因为工作程序的制定一般都反映了对员工的约束机制，考虑了成本效益因素。违反程序，其结果往往是造成无序，破坏约束机制，增加成本，有害于公司，也有害于自己。

养成工作遵守程序的习惯，并使其成为个人的道德水平的体现。同时，不以“别人不按程序，我为什么不能”为理由放纵自己，而是坚定立场，反对违反公司规定，浪费公司资源、社会资源的行为。

危机时代，**要学会“预防性管理”**

美国学者菲特普曾对财富500强的高层人士进行过一次调查。高达80%的被访者认为，现代企业不可避免地要面临危机，就如人不可避免地要面临死亡；14%的人则承认自己曾面临严重危机的考验。

一般说来，企业危机是指在企业内部矛盾、企业与社会环境的矛盾激化后，企业已不能按照原来的轨道继续运行下去的紧急状态，表现为失控、失范和无序。

如今，日益激烈的竞争，充满变数的非线性发展的外部力量的变化，彻底打破了经验主义者理想的思维方式，如果仅仅依靠并沿袭往日成功的经验来经营企业，将会在不知不觉中铸成危机。局部的、组织的甚或个人的行为，均可能演化为企业的威胁。危机一旦降临，企业可能面临的主要后果有：利润降低；市场份额减少，失去市场，甚至导致破产；商业信誉被破坏，形象、声誉严重受损，等等。

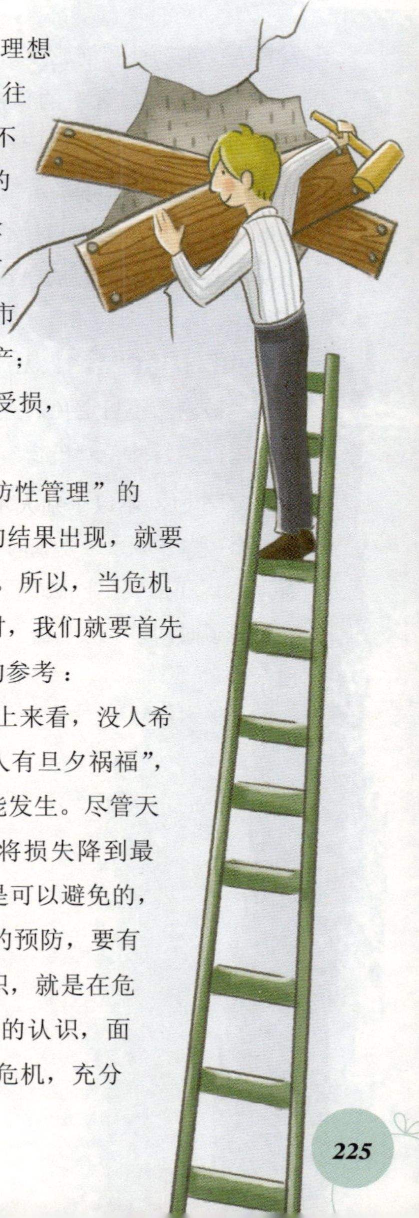

在实际工作中，有一种叫“预防性管理”的思想，认为要想避免管理中不想要的结果出现，就要在事情发生前采取一些具体的行动。所以，当危机即将来到，还未出现“破窗”现象时，我们就要首先做好预防。以下两点可以作为我们的参考：

第一，树立危机意识。从主观上来看，没人希望危机出现，但“天有不测风云，人有旦夕祸福”，无论是天灾还是人祸，危机都有可能发生。尽管天灾无法避免，但如有应急措施，可将损失降到最低限度或限制在最小范围；而人祸是可以避免的，关键在于企业管理者要重视对人祸的预防，要有较强的危机意识。所谓树立危机意识，就是在危机发生前，对危机的普遍性有足够的认识，面对危机临危不惧，积极主动地迎战危机，充分发挥人的主动性和创造性。

第二，做好危机的预控。危机预控是在对危机进行识别、分析和评价之后，在危机产生之前，运用科学有效的理论及方法，来防止危机的产生的经济活动。企业可采取回避、分散、抑制、转嫁等有效措施的有机结合，通过互相配合、互相补充，达到预防和控制危机的目的，在自我发展的同时稳定整个社会的经济秩序。

中国有句古话，“人无远虑，必有近忧”，作为企业更当如此。有些“破窗”不可避免，企业就更应时时绷紧“破窗”这根弦。只有未雨绸缪防范“破窗”，才能修补“破窗”于旦夕之间。平时多一些“破窗”意识，多制定几套对付各种可能出现的“破窗”的策略，当“破窗”来临时就会镇定从容得多，相对于没有“破窗”意识和未制定“破窗”策略的企业而言，本身就已经为自己赢得了时间差。

定律52

华盛顿合作定律：

团队合作不是简单的人力相加

定律阐释

华盛顿合作定律，是指一个人敷衍了事，两个人相互推诿，三个人则永无成事之日。其意思是，人与人的合作不是人力的简单相加，而要复杂和微妙得多。

创建高绩效团队，让 1+1>2

法国心理学家黎格曼进行过一项实验，专门探讨团体行为对个人活动效率的影响。他要求工人尽力拉绳子，并测量拉力。参加者有时独自拉，有时以 3 个或 8 个人为一组拉。结果是：个体平均拉力为 63 公斤；3 人团体总拉力为 160 公斤，人均为 53 公斤；8 人团体总拉力为 248 公斤，人均只有 31 公斤，只是单人拉时力量的一半。黎格曼把这种个体在团体中较不卖力的现象称为“社会懈怠”。

关于黎格曼的实验结果，很多人都非常好奇：为什么人多反而影响工作效果呢？这就是华盛顿合作定律在现实中的一种表现。

在人与人的合作中，假定每个人的能力都为1，那么10个人的合作结果有时会比10大得多，有时甚至比1还要小。因为一群人就像是方向各异的能量，相互推动时自然事半功倍，相互抵触时则一事无成。

那么，我们如何才能创建高绩效团队，让1+1>2呢？

一家公司招聘职员，最后要从三位应聘人员中选出两个。他们给出的题目是这样的：

假如你们三个人一起去沙漠探险，在返回的半途中，车子抛锚了。这时，你们只能选择四样东西随身带着，你们会选什么？这些东西分别是镜子、刀、帐篷、水、火柴、绳子、指南针，而其中帐篷只能住两个人，水也只有一瓶矿泉水。

甲男选的是：刀、帐篷、水、火柴。

面试经理问他："为什么你第一个就要选刀？"

甲男说："害人之心不可有，防人之心不可无。这帐篷只够两个人睡，水只有一瓶，万一有人为了争夺生存机会想害我呢？所以，我把刀拿到手，也就等于把所有主动权控制在了手中。"

乙女和丙男选的四样物品为：水、帐篷、火柴、绳子。

乙女解释说："水是必需品，虽然只够两个人喝，但可以省着点儿，相信也能够三个人一起坚持到最后；帐篷虽然只能容纳两个人睡，但是可以三个人轮换着来休息；火柴也是路上必不可少的；而绳子可以用来把三个人绑在一起，这样在风沙很大、目不见物的时候就不会失散了。”丙男给出的解释与乙女相同。

最后，甲男被淘汰出局。

可以看出，甲被淘汰出局，是因为他没有良好的合作意识。当今社会，靠独自蛮干获得事业进步的工作大多已不复存在了；相反，现在想要有番成就，就必须寻求同事间的互相配合。团队的收益往往意味着个人事业的发展。只有去寻求同事间的协作，发挥彼此的长处，才有利于工作的完成，更有利于个人在职场上的驰骋。

同时，就任何一家企业而言，如果出了差错或面对艰巨的任务时，员工互相扯皮、敷衍了事，往往就是因为责任分配不明确。为什么三个和尚没水喝呢？原因就是没有明确的分工，如果一人各挑一天水，天天把水挑满，或者你打柴，他扫地，另一个去挑水，其结果可能会好很多。

企业中人力资源的管理也一样，只要分工明确，互相扯皮、推卸责任的员工就会很少，就算有，也能使大家轻易地看出是谁在敷衍了事，谁在互相推诿。只有让每个人都知道自己该做什么，才能遏制华盛顿合作定律现象的发生。

此外，我们还要明白，聚集智慧相等的人，不一定能使工作顺利进行，往往只有分工合作，才会取得辉煌的成果。在人员调配中，必须考虑员工之间的相互配合，如此才能发挥个人的聪明才智，这也是人事管理的金科玉律。一般所说的“量才适用”，就是把一个人安排在最合适的位置，使他能完全发挥自己的才能。然而，更进一层地分析，每个人都有长处和短处，在分工合作时，若要取长补短，就必须全面考虑双方的优点及缺点，然后再鼓励他们，齐心协力地把事情做好。

在经济日益全球化的今天，我们不可能把自己封闭起来，任何人都需要与他人进行合作才会有更好的发展。那么如何在合作中走出华盛顿合作定律的制约，取长补短，追求整体的高效率，则是大家共同的课题。

定律53

帕金森定律：

兵熊熊一个，
将熊熊一窝

定律阐释

帕金森定律是官僚主义或官僚主义现象的一种别称，也可称之为官场病、组织机构麻痹病，常常被人们用来解释组织臃肿、效率低下的现象。

组织机构也会患上“**帕金森病**”

众所周知，医学界有一种病叫“帕金森病”，病人的主要症状表现为四肢颤动、肌肉僵直和身体运动的迟缓。其实，一个组织机构，如果领导不善，也会患上“帕金森病”，从而导致机构臃肿、人浮于事。

一个不称职的领导者，可能有三条出路：

一是申请退职，把位子让给能干的人；

二是让一位能干的人来协助自己工作；

三是聘用两个水平比自己更低的人当助手。

第一条路是万万走不得的，因为那样会丧失许多权力；第二条路也不能走，因为那个能干的人会成为自己的对手；看来只有第三条路可以走了。

于是，两个平庸的助手分担了他的工作，减轻了他的负担。由于助手的平庸，不会对他的权力构成威胁，所以这名领导者从此就可以高枕无忧了。

两个助手既然无能，他们只能上行下效，再为自己找两个更加无能的助手。

如此类推，就形成了一个机构臃肿、人浮于事、相互扯皮、效率低下的领导体系。

这就是英国历史学家帕金森在其《帕金森定律》一书中所提出的帕金森定律。

在《帕金森定律》一书中，帕金森还总结了组织机构的可怕顽症：

1. 工作越少，下属越多

有一则寓言，长官需要一个人去判断航空照片，就命令一个二等兵去担任这份工作。两天后，二等兵开始抱怨了，说照片那么多，他需要两名助手协助；而且为了对助手有指挥权，他自己应该升为一等兵。他的长官非常体谅人，答应了他的要求。之后不久，他的下属依样学样也需要助手。于是，在3年内，这个二等兵拥有了一个85人的小组，而且自己也步步高升，成为中校。然而，他自己从来就没有判断过一张航空照片，因为他忙于搞行政事务去了。

2. 姗姗来迟，匆匆离去

鸡尾酒会在现代会议是很常见的。帕金森定律告诉你如何识辨酒会上的重要人物——这些人总是在他们认为对自己最有利的时间才姗姗入场。他们不愿意在人不多的时候入场，也不愿意在其他要人离开后入场。此外，在一个酒会上，要人们会不约而同地走到某一个部位集合，主要的目的是让大家看到自己也出席了。这个目的达到后，这些要人就会争先恐后地溜之大吉。

3. 三流上司，四流下属

在任何一个地方，我们都会发现这样一种机构：高层人员感到无聊乏味，中层人员忙于钩心斗角，低层人员则觉得灰心丧气和没有动力。他们都懒得主动办事，所以毫无绩效可言。在仔细考虑这种可悲的情景后，他们在潜意识里抱着“永远保持第三流”的座右铭。

例如，“我们太过努力是错误的，我们不能与高层比；我们在基层做有意义的工作，配合国家的需要，我们应该问心无愧”。或者“我们不自吹是第一流的。有些人真是无聊，喜欢争强好胜，喜欢自夸他们的工作表现，好像他们是领导一样”。

这些看法说明了什么呢？他们在潜意识里只求低水准，甚至更低的水准也未尝不可。从第三流主管发给第四流职员的指示，只要求最低的目标。他们不要求较高的水准，因为一个有效的组织不是这种主管的能力所能控制的。如此一来，他们构建了一个三流上司、四流下属的组织。

解决帕金森定律症结：公平、公正、公开

不难看出，是权力的危机感产生了可怕的机构人员膨胀的帕金森现象。正如恩格斯所言："自从阶级社会产生以来，人的恶劣的情欲、贪欲和权欲就成为历史发展的杠杆。"

人作为社会性和动物性的复合体，因利而为，是很正常的。假设他的既有利益受到威胁，那么本能会告诉他，一定不能丧失这个既得利益。一个既得权力的拥有者，假如存在着权力危机，便不会轻易让出自己的权力，也不会轻易地给自己树立一个对手。因此，他会选择两个不如自己的人作为助手，这种行为无可厚非。

帕金森在书中举过这样一个例子：

假设有一个私营企业主，公司的产权全部属于企业主所有。随着企业规模的不断扩大，企业主在管理上感到力不从心了，他需要有人来协助他。于是企业主在各种媒体上刊登了征聘广告，应征的人络绎不绝。假设其中有一个非常优秀的人才，这个私营企业主会不会聘任他呢？

这个老板可能会想：公司的土地是我的，所有的产权都是我的，这就意味着这个人来我这里是"无产阶级"，他纯粹是为我打工，干得好我可以继续留他，给他很高的待遇，干得不好我可以辞退他，无论他如何出色和卖力地工作，他都不可能坐我的位置，老板永远是我。

一番盘算以后，这个高智商、高素质、高能力的人才就被留下来，老板对之大胆使用，可以说是完全不受帕金森定律的

影响。这是一个拥有绝对权力的人的做法。接着，这个企业继续发展，业务范围扩大了，新的问题层出不穷，当初的优秀人才现在也有些力不从心，也需要助手协助他。于是他也在各种媒体上刊登征聘广告，同样会有各种人才络绎不绝地涌来。

假设最后要在两个人中选择：一个是某名牌大学的公共管理专业刚刚毕业的研究生，写了很多的文章，理论功底极为深厚，实践经验却非常匮乏；另一个则颇有实干家的手腕和魄力，拥有先进的管理观念和操作经验。老板拿不定主意，叫他选择，这个时候他就盘算开了，最后他多半会选择那个刚出校门的研究生——因为这让他感到安全。

由此可见，要想解决帕金森定律的症结，就必须要建造一个公平、公正、公开的用人机制，不受人为因素的干扰，不要将用人权放在一个被招聘者的直接上司手里。同时，实现这一用人机制，需要遵循三条原则：一是公平竞争，任人唯贤；二是职适其能，人尽其才；三是合理流动，动态管理。

定律54

酒与污水定律：

莫让害群之马影响团队发展

定律阐释

如果把一匙酒倒进一桶污水中，你得到的是一桶污水；如果把一匙污水倒进一桶酒中，你得到的还是一桶污水。

不容忽视的**害群之马**

一次管理培训课堂上，当着所有学员的面，讲师把一匙酒倒进一桶污水中，然后问大家："这桶水如何？"大家异口同声地答道："这是污水。"接着，讲师又把一匙污水倒进一桶酒中，问大家："这桶水如何？"大家毫不犹豫地回答说："这仍然是一桶污水。"

这就是著名的"酒与污水定律"。它告诉我们，一个正直能干的人进入一个混乱的部门可能会被吞没，而一个无德无才者能很快将一个高效的部门变成一盘散沙。组织系统往往是脆弱的，建立在相互理解、妥协和容忍的基础上，很容易被侵害、被破坏。破坏者能力非凡的另一个重要原因在于：破坏总比建设容易。

几乎在任何组织里，都存在几个难以管理的人物，他们存在的目的似乎就是为了把事情搞糟。他们到处搬弄是非，传播流言，破坏组织内部的和谐。最糟糕的是，他们像果箱里的烂苹果，如果你不及时处理，它会迅速传染，把果箱里其他苹果也弄烂，“烂苹果”的可怕之处在于它那惊人的破坏力。

客观而言，企业就是个人的集合体，企业的整体效率取决于其内部每个人的行为，这就要求这个集合体内的每个人都能发挥最大效能，以保持团队的整体步调一致、动作协调。只有这样，才能顺利扬起企业的奋进之帆。

唐代李益有首《百马饮一泉》的诗，讲了一个小故事：有一百匹马都在泉边喝水，其中一匹马偏要跑到上游或泉水源头喝水，而且它不是在岸边喝，而是下到了水里搅和。于是，在下游的其他马只能喝浑浊的水。这样的马，就是我们常说的害群之马，与前面所讲的组织中的“污水”是一个道理。

所以，对于一个领导者来说，想要让团队得以生存，并不断良性发展下去，千万不可小觑或忽视那些蕴藏着无尽危害性的害群之马。

及时解雇是对付害群之马的不二之选

虽然我们都知道害群之马对一个组织的危害性极大，破坏组织内部的和谐，阻碍企业的发展，然而在现实中，组织往往又不可避免地出现一些害群之马。

既然如此，我们该如何应对这些总是出现的害群之马呢？

大卫·阿姆斯特朗是阿姆斯特朗国际公司的副总裁，他讲述了发生在自己身边的一个小故事：

偶尔，我们会听到一个绝妙的形容或比喻让人心头一震。当我听到“恶性痴呆肿瘤”这个词的时候，我就有这种感觉。下面我来解释一下这个词是怎么来的，代表什么意义。

当时我正在“讨厌鬼营”倾听某汽车公司一位女士谈论，为什么善待员工不仅是公司的义务，也是重要的生意经。

“我们必须关掉一间工厂，在关掉前60天我们通知了员工这项决定。”她说，“结果我们发现，最后1个月的生产率反而提高了。这说明如果公司善待员工，员工就会回馈。”

康涅狄格某杂货商的小史都先生在听众席上提出一个问题：“在公司经历快速成长的时候，怎样才能做到既善待员工又兼顾公司的经营作风呢？”

“你做不到。”这位女士回答，“你不可能一下子找来50个员工，把公司的作风教给他们，然后期望他们个个都会安分守己。没有人能做到这一点。50人当中，总会有四五个害群之马，而且这几个害群之马会带坏其他人。”

这时，苹果公司的查克马上站起来表示：“我们称这种人为‘恶性痴呆肿瘤’。在苹果公司，我们用‘恶性痴呆肿瘤’来形容害群之马，因为他们就像癌细胞一样会扩散。最好的解决办法就是把这些肿瘤割除，以免他们的不良行径贻害他人。”

对于组织中“恶性痴呆肿瘤”式的害群之马，必须及时坚决切除，否则“肿瘤”一旦扩散，整个组织都会受到严重影响，甚至垮掉。

或许你认为，对任何公司和老板来说，开除或解雇员工总是一件令人不快的事，因为这或多或少地反映了公司存在着某些缺陷或不足之处。但是，如果解雇的是一个存在一天就会对公司为害无穷的捣乱分子，就应该当机立断，否则一旦他阴谋得逞，公司将后患无穷。也只有这样，你才能彻底排除纵容下属、姑息养奸的可能。

定律55

雷尼尔效应：

用心留人，胜过用薪留人

定律阐释

现代企业中，倾向于以亲和的文化氛围吸引和留住人才，即管理应以人为本，知道员工的真正需求，才能留住人才。

温情，留住员工的强大力量

当今，企业的竞争主要是人才的竞争。企业是否能够吸引和留住人才，成为一个企业成败的关键。美丽的西雅图风光可以留住华盛顿大学的教授们，同样的道理，企业也可以用温情来吸引和留住人才。

《亚洲华尔街日报》《远东经济评论》曾联手对亚洲 10 个国家和地区的 355 家公司进行了调研，涉及 26 种产品、9.2 万名员工，最终评选出前 20 名最出色的雇主。根据这项调查，员工心目中的好公司与公司资产规模、股价高低并没有直接的联系。

虽说入选的20家上榜公司各有各的绝招，但它们都具备一个共同特征——带着浓浓的人情味。

小何大学毕业后到一家大型企业工作。工作前三年，公司的效益非常好，每个月小何总会有一笔不菲的工资和奖金。在外人眼里，这一切已经很不错了，他也很知足。然而，由于他和一起共事的同事大多是大学刚毕业的年轻人，随着时间的推移，按部就班的工作节奏使他们变得懒散，总觉得工作缺少激情，所以他们都想跳槽换个环境。

不料，就在他们决定跳槽的时候，公司由于在一个重大项目上的决策失误，损失惨重，多年来公司创造的辉煌一夜之间化为乌有，面临破产的困境。平时公司的经理带领他们创业，对这些年轻人也格外照顾，在公司处于困境的时候选择跳槽，他们很是过意不去，但是长期在公司待下去不会有太大的发展前途。权衡再三，他们还是决定离开，另谋高就。就这样，几个年轻人写好了辞职报告，准备去找经理谈话。

盛夏时节酷暑难耐，为了节约用电，公司经理把自己办公室空调的温度从23℃提高到了24℃。为此，经理特意在门口贴了一张小字条："关键时刻，让我们从点滴做起。尽管公司处于困境，但困难只是暂时的，如同乌云遮不住太阳。为了节省1度的电量，你们进入我的办公室时，可以随便减去一件衣服。"

尽管经理贴出了小字条，可是没有人在进入他的办公室之前减衣服。时间长了，经理发现了这一点，立即从自己做起，自己先减去一件衣服，穿着随便些，让来汇报工作的员工放松心情，自然一些。那天他们走到经理办公室，看到小字条，没敢脱衣服，但心微微地震动一下。走进办公室，他们发现经理的穿着很随便，而且他们观察到经理室的空调温度比往常高了1℃。经理让他们脱去外套，有什么想法慢慢汇报。先前想好的理由顷刻间化为乌有，最后他们都红着脸退了出去。

此后，他们的心长久地被那1℃温暖着，尽管那1℃对一个员工上千的企业算不了什么，但是他们从那微不足道的1℃中看出了一种温暖、一种精神。几个月过去了，始终没有人提辞职的事情。后来那家公司走出了困境，企业的发展蒸蒸日上。有人说，这家企业的成功与1℃有关。

很难相信，一个企业的兴衰与小小的1℃息息相关，但那是最温情的1℃。正是这微小的1℃孕育了一种强大的力量，唤醒了埋在人性深处的一种温情，将个体的命运与集体的命运紧紧地连在一起，形成一种温情的团队精神，战胜了看似很强大的困难。

为人处世，一个人需要这样的1℃；营生立业，一个企业更需要这样的1℃。这种温情，正是企业得以留住员工的“西雅图风光”。

人性管理，收获人心

雷尼尔效应对企业吸引和留住人才具有重要的借鉴意义：只有展示出你的人情味，才能做到人心所向，才能真正地留住员工的心。换而言之，人情味是吸引和留住人才的重要原因。

当你能很人性化地对待员工时，他们获得的激励感受是物质奖励远远不能达到的。同时，你也会发现，越是在一个看似严峻复杂的时刻，一句最朴实的实话越可能带来出乎意料的好效果。

美国四大连锁店之一的沃尔玛在总结其成功的秘诀时，把它概括成一句话，那就是："我们关怀我们的员工。"

人是企业中最珍贵的资源，也是最不稳定的资源。当他们心情不好、对领导不满意、对同事不顺眼、对薪酬不满、对政策怀疑、对制度反感、生活上存在问题和困难时，就会意志消沉或心不在焉，直接影响到企业目标的实现。当你真心、真情地关怀员工，把爱心注入与员工的沟通中，你就会发现，员工

会把劳动作为实现自己幸福的手段之一，把企业作为实现幸福的场所。

人情化管理其实也是公司激励员工的方式之一。说到激励，首先是要鼓励员工参与企业的管理。美国有个州的农业保险公司以善于留住人才而著称，他们用一个简单的方法来实现员工认同的个性化奖励。经理人员要求每个员工完成一份自己的喜好清单——列举他们喜欢做的事和喜欢的东西，比如最爱的冰激凌、颜色、花、电影明星、饭店、度假区、业余爱好、娱乐等。当经理人员想要奖励有优秀表现的员工时，查阅一下他的喜好清单，就可以马上“度身定做”这个员工的奖励。

人不仅仅是“经济人”，还是“社会人”，人通过组织获得的力量必然大于人本身的力量，员工对组织的参与越深，就越能认同组织理念和文化，越能体现员工在组织中的存在价值，从而达到个人目标服从组织目标的目的。

总之，企业的发展靠的是人才。对企业管理者而言，不要吝啬向员工展示你的真诚、关爱和私人交情。

定律56

赫勒法则：

有监督才有动力

定律阐释

赫勒法则，由英国管理学家赫勒提出，指当人们知道自己的工作成绩有人检查时会加倍努力。在管理中，有效的监督是上级肯定下级的一种表现，也是上级对下级工作的一种尊重。

动力来源于监督

人们常说，没有压力就没有动力。在现实生活中，也的确是如此。没有人管着你，你就什么也不想做，这都是人类的惰性在作怪。人生来都是喜欢享受的，没有生存的压力，没有别人的监督，就不会有人去拼命工作。其实，人类的发展史就是一部“惰化史”，人类为了活得更轻松自在、更省心省力，发明创造了一系列代替自己劳动的物品，也正是这些伟大的发明使人类社会一步步发展到了今天。人类社会的每一个重大发明，几乎都是在人类的惰性驱使下完成的。所以，我们不得不感谢我们的惰性。但是，这种惰性如果不加以有效地监督，就会泛滥成灾，到时社会就会瘫痪。

每一个当过学生的人几乎都有这样的感受，如果老师第二天不检查作业的话，你这一天就会不想写作业。我们也知道学习不是为了老师，但是如果老师不监督我们，我们就会想玩。这是孩子的天性，也是人类的通性。当然，这其中也不乏一些自控力特别好，或者天生就很勤劳的人。但是在企业中，为别人打工，钱拿的一样多，能少干些就是赚了。很多人都抱有以上的想法，认为给别人打工没必要那么尽力。也正是有这种想法的存在，才会使监工这种职业很早就出现在人类的历史上。有人监督，工作不得不卖力；有人监督，心中就有顾忌，自然就会认真对待工作。没有人检查自己的工作，你不自觉地就会懈怠；如果有人要检查自己的工作，你也会自然地紧张起来。人就是这样奇怪，没人管还不行。

很多时候，公司的管理者总是抱怨公司决策落实起来难，其实这往往是由于公司没有一个有效的监督体系。如果领导把任务布置下去，能及时对这些任务进行检查，而且对任务的完成程度进行评估，实行相应的奖惩制度，那么决策落实难的问题基本上就不会出现了。可是就怕有些领导把决策一宣布就不管了，没有检查，没有奖惩，员工们也没有压力和动力，那么决策就只能是一句空话、一纸空文。所以，当公司的决策难以落实时，不要责怪员工的执行力差，而是要从自身找原因，想一想是不是自己的监督工作没有做到位。

有效监督是一种尊重

人们往往认为给对方足够的自由和空间，是对他的尊重；其实有效的监督，也是对人的一种尊重，是对他人劳动付出的一种尊重。干好与干坏都一样，谁还会有干劲呢？有监督，有评比，有奖惩，人们才会有进步的动力。人们的付出都想得到别人的认可，有效的监督就是对他人工作的一种肯定，把你当作一个有能力完成本职工作的人，才会对你有所要求，才会对你进行监督，这就是一种尊重。

海尔集团之所以能够取得今日的成就，与其高效的监督管理机制是密不可分的。在海尔集团工作的任何员工都要接受三种监督：一是自我约束和监督；二是互相监督，即小组或团队内成员互相约束和监督；三是专门监督，即集团内专门负责监督的业绩考核部门的监督。而集团内的领导干部除了受以上三重监督外，还得经受五项指标考核。这五项指标分别是：自清管理，创新意识及发现、解决问题的能力，市场的美誉度，个人的财务控制能力，所负责企业的经营状况。这五项指标被赋予不同的权重，最后得出评价分数。每个月海尔集团都会对干部进行考核评比，对表现出色的干部进行奖励，对工作出现差错的干部进行批评，工作没有失误但也没有起色的干部也被归入受批评的行列之中。而那些在车间里工作的员工，更是每天都要接受考评。在海尔的生产车间里通常都会有一个“S”形的大脚印，这正是为表现不好的员工准备的。每天下班时，车间里的班组长就会对一天的工作进行总结，而表现不好的员工就要当着大家的面站在那个“S”形的大脚印上反省。正是这种严格的监督机制，使海尔上下干部员工对工作都有了很高的主动性和积极性，工作效率也大大提高，人人都不想成为落后的人，都争当先进。同时，海尔还建立了一套有效的激励机制，与监督机制相辅相成。其实，有效的监督也是一种激励，而相应的奖惩更能促进员工更好地工作。正是这种有效的监督，使海尔不断地走向成功，走向世界。

全美第一大DIY（自己动手）店Home Depot公司的管理者，也非常懂得有效监督的好处。该公司采用走动式管理的方法，领导者不定期到各店进行巡察，不仅对员工的工作进行监督和检查，而且还借机对相应的主管进行教育，以提高其管理能力。同时，该公司的创始人之一肯·蓝高，不仅提倡上级对下级的监督，而且还提倡下级对上级的监督。在一次巡察中，他就借机向员工和一部分主管宣传了这种思想，他希望这些员工和主管们可以学习“向

上管理”，即在完成上级交代的任务后，记得问你们的上级一个问题：“我已经按您交代的做了，现在请告诉我，此举对我为顾客提供最佳服务有何帮助？”这样才能使上级将工作重心放到员工的真正使命上。而员工的真正使命就是：把店里的商品卖给进门的顾客，为顾客提供满意的服务。这种上对下、下对上的有效监督，形成了员工、主管、领导三方的良性互动，从而提高了整个团队的工作效率和效益。

有效的监督，不是对员工能力的不信任，而是对员工劳动付出的一种尊重；有效的监督，不是公司对员工的苛刻和压迫，而是对员工工作的一种肯定和激励；有效的监督，不是让领导时刻盯着自己的员工，又累又苦地活着，而是要企业自身建立起一套完善的监督体制和奖惩制度。总之，有效的监督是企业发展必不可少的管理手段。

定律57

例外定律：

该放手时放手，该授权时授权

定律阐释

美国管理学家泰勒提出：为了提高效率和控制大局，上级只保留处理例外和非常规事件的决定权和控制权，例行和常规的权力由部下分享。管理的秘诀在于合理地授权，就是指为帮助下属完成任务，领导将所属权力的一部分和与其相应的责任授予下属。

过多控制必然低效，**要学会适时授权**

查尔斯是纽约一家电气分公司的经理。他每天都面对着成百份的文件，权力掌握在他的手里，每个人都在等着他下达正式指令，他经常抱怨说自己要再多一双手就好了。他已明显感到自己疲于应付。

有一天，他终于醒悟过来了，他决定让属下自己拿主意。

他给自己的秘书做了硬性规定，所有递交上来的报告必须筛选后再送交，不能超过10份。刚开始，秘书和所有的属下都很不适应，他们已养成了奉命行事的习惯，而今却要自己对许多事拿主意，他们真的有点儿不知所措。但这种情况没有持续多久，公司就开始有条不紊地运转起来，属下的决定是那样及时和准确无误，公司没有出现差错，而查尔斯也有了休息的时间。他现在才真正体会到自己是公司的经理。

查尔斯意识到授权在管理中的重要性，开始下放自己手中的大部分权力给各主管以及每一个员工，让他们有机会发挥自己的优势，有权力决定自己怎样做才能做得更好，不必千篇一律。授权的结果就是要让下属全都行动起来，充分利用自己手中的权力，完成自己的工作，使之更趋完美。

一名成功者是不会因为过分授权而动摇自己的位置的，相反，他会通过授权使自己的工作趋向于完美。

授权与单纯的分派任务不同。分派任务只是让下属照你的吩咐去做，他是被动的；而授权则是把整个事情委托给他，同时交付足够的权力让他做必要的决定。这有助于增强他的荣誉感，使他有成就感。比如，你要某人去印一个小册子，你就不必再交代一些有关形式、封面、附图等方面的详细意见，而是让他自己去选择、决定，相信他会把工作做得很好，而且他会引以为荣。适当授权能够提高整个团队的工作效率。

当然，授权并非一蹴而就，不能以为说一句“这件事交给你”就完成了授权。授权一事需要授权者和被授权者双方密切地合作，彼此态度诚恳，相互沟通了解。在授权的时候，授权者必须有心理准备，明确授予下属完成任务所必需的权力和责任，使他完全理解自己的任务、权力和责任。做到这些后，就要让下属按照他自己的方式处理事情，不要随意干涉，并且要随时给予支持、扶助。合理的授权并非对下属放任自流、撒手不管，授权者要保留监督的权利，在受权者出现不可原谅的错误时，及时收回对他的授权。

合理的授权，有利于调动下属在工作中的积极性、主动性和创造性，激发下属的工作情绪，增长其才干，使上级领导的思想意图为群体成员所接受。善于授权的企业领导能够创造一种“领导气候”，使下属在此“气候”中自愿从事富有挑战意义的工作。授权可以发现人才、利用人才、锻炼人才，使企业的工作呈现一个朝气蓬勃的局面。

掌握正确的**授权方法**

不同的授权方法会产生不同的效果，我们应当掌握正确的授权方法。授权的方法按照不同的维度，有不同的划分方法。按照授权受制约的程度，授权的方法有充分授权、不充分授权、弹性授权、制约授权。

充分授权是指管理者在向其下属分派职责的同时，并不明确赋予下属这样或那样的具体权力，而是让下属在管理者权力许可的范围之内，自由、充分地发挥其主观能动性，自己拟订履行职责的行动方案。这种授权的方式虽然没有具体授权，但在事实上几乎等于将管理者自己的权力（针对特定的工作和任

务的）下放给下属。充分授权的最显著优点在于能使下属在履行职责的工作中实现自身价值，获得较大的满足，最大可能地调动下属的主观能动性和创造性。而对于授权管理者而言，则大大减少了不必要的工作量。充分授权是授权中的“高难度特技动作”，一般只在特定情况下使用，要求授权对象是具有很高素质和责任心的下属。

不充分授权是指管理者对其下属分派职责的同时，赋予其部分权限。根据所授权限的大小，不充分授权又可以分为以下几种具体情况：

（1）让下属了解情况后，由领导者做出最后的决策。

（2）让下属提出详细的行动方案，由领导者最后选择。

（3）让下属提出详细的行动计划，由领导者审批。

（4）让下属果断采取行动前及时报告领导者。

（5）让下属采取行动后，将行动的结果报告领导者。

不充分授权是现实生活中最普遍存在的授权形式，它的特点是较为灵活，可因人而异、因事制宜，采取不同的具体方式。但它同时要求上级和下级、管理者和被管理者之间必须事先明确所采取的具体授权形式。

弹性授权是综合充分授权和不充分授权两种形式而成的一种混合授权方式。弹性授权是根据工作的内容将下属履行职责的过程划分为若干阶段，在不同的阶段采取不同的授权方式。弹性授权的精髓在于动态授权的原理。弹性授权具有较强的适应性，当工作条件、内容等发生了变化时，管理者可及时调整授权方式以利于工作的顺利进行。管理者在应用弹性授权时的技巧在于保持与下属的及时协调，加强双向的沟通。

制约授权是指管理者将职责和权力同时委托和分派给不同的几个下属，以形成下属之间相互制约地履行其职责的关系，如会计制度上的相互牵制原则。制约授权形式的应用要求管理者准确地判断和把握使用的场合，它一般只适用于那些性质重要、容易出现疏忽的工作之中。制约授权在应用中的另一个要点在于，警惕制约授权可能带来的负面效应，过分地制约授权会抑制下属的积极性，不利于提高处理工作的效率。制约授权作为较特殊的一种授权方法，一般要求与其他授权方法配合使用，取其利，去其弊。

定律58

奥格威法则：

善用强人，成就伟业

定律阐释

奥格威法则，由美国奥格威·马瑟公司总裁奥格威强调人才的重要性时提出，意思是说，如果公司里每个人都敢于用比自己能力更强的人，那么这个公司将会成为一家巨人公司。

敢于用比自己强的人

一个好的领导者，要有专业的管理知识，要有良好的文化素养，但更要有广阔的胸襟和用人的智慧。敢于用比自己能力强的人，才能让自己的团队越来越强，事业越做越大。

但是，一个人能做一个好的领导，能干一番大的事业，往往不在于自身的能力有多强，而在于吸引和接受比自己强的人为自己工作。

在一次董事会上，奥格威在每位与会者的桌上都放了一个玩具娃娃，并让大家打开看看。董事们不明所以，纷纷带着疑惑打开了放在跟前的娃娃，结果发现里面是一个同类型的更小的娃娃，再打开一看，又是个同类型更小的娃娃，原来奥格威放在大家面前的是一个个的套娃。当他们打开最后一层的时候，发现了一张字条，上面写着这样一句话："你要是永远都只任用比自己水平低的人，那么我们的公司就会沦为侏儒；你要是敢于起用比自己水平高的人，我们就会成长为巨人公司！"原来，奥格威是在用这种方式来指导和教育自己的部下。前半句话与从大娃娃到中娃娃再到小娃娃的次序吻合，后半句话与从小娃娃到中娃娃再到大娃娃的次序吻合，这些聪明的董事一看就明白了。这件事给每位董事留下很深的印象，在以后的岁月里，他们都尽力任用有专长的人才。

这是个很有教育意义的故事，也是个充满智慧的说教，同时也是奥格威法则的由来。

所谓奥格威法则，其核心就是要知人善用。知人善用有两层意思：一是要知道这个人的专长，然后把他放在合适的位置让他发光发亮，尽显专长；另一层意思是知道某人的某些能力比自己强，敢于让他担当重任，信任他，不妒才。

也就是说，作为一个领导者，最要紧的不是各种专

业技能，而是胸怀！要善于选择人、任用人，来补齐自己的短处，形成一个团体。即便一个才智出众的人，也无法胜任所有的事情，所以唯有知人善任的领导者，才可完成超过自己能力的伟大事业。在当今这个知识经济的时代，领导者更需要有敢于和善于使用比自己强的人的胆量和能力，只有这样，他的事业才会蒸蒸日上。

21 世纪最重要的就是**人才**

现在什么最贵？人才！在竞争如此激烈的时代，一个公司要想立足于世界经济之林，靠的是什么？就是人才。有了人才，什么都会有；没了人才，什么都没了。

美国的钢铁大王卡内基曾经说过："即使将我所有的工厂、设备、市场和资金全部夺去，但只要保留我的技术人员和组织人员，四年之后，我将仍然是'钢铁大王'。"这就说明了人才的重要性。卡内基之所以能成为钢铁大王，与他知人善任、重视人才是分不开的。他本人对于冶金技术一窍不通，但他总能找到精通冶金工业技术、擅长发明创造的人才为他服务。比如世界知名的炼钢工程专家之一比利·琼斯，就终日在位于匹兹堡的卡内基钢铁公司里埋头苦干。在卡内基的墓碑上赫然刻着："一位知道选用比他本人能力更强的人来为他工作的人安息在这里。"对于这样的评价，卡内基可谓是实至名归。

当今时代最重要的就是人才，企业、公司拼的也是人才。没有人才，拿什么和人家竞争？什么事都是人做的，能力强的人往往能在最短的时间内很好地完成任务，而能力弱的人不仅要花更多的时间，而且说不定还完不成任务。所以，一个公司要想发展壮大，就必须要雇用尽可能多的人才。

人才是企业、公司不断向前发展的动力。动力的马力有多大，企业、公司就会跑多快。像三国中的刘备就深知其理，他桃园三结义得到关羽、张飞，以义理感动赵云，三顾茅庐请出诸葛亮。他名下本无一寸土地，但是正因为有了这些将帅之才，而终于雄霸一方。而当时财大气粗、兵多将广的袁绍却因为不识人才的重要性，最终不仅丢光了领地，连性命也输了出去。这就是识才与不识才的区别。一个知人善任的领导，即使起初一无所有，但只要他有了人才，就能很快创造出奇迹。

好的产品、好的硬件设施、雄厚的财力，自然是一个公司不可或缺的资源，但真正支撑这个公司的支柱还是人才。因为一个公司光有财、物，并不能带来任何新的变化，只有拥有大批的优秀人才才会有发展的潜力，因此人才是公司最重要、最根本的资源。如果想要使公司充满生机活力，就必须选贤任能，聘请一流人才，敢于用比自己能力强的人。一流的人才才能造就一流的公司，懂得这个道理的领导，才会是个好领导。领导不一定什么都懂，但一定要懂得用人，有容得下人才的胸襟，这样他的事业才能做大做强。

定律59

苛希纳定律：

用人之妙
不在多，而在精

定律阐释

在管理中，不是管理人员越多就会管理得越好。相反，管理人员多不仅浪费公司成本，而且会影响工作效率。因此，要想获得有效的管理，最重要的是要找到最合适的人，以一当十。

人多**未必力量大**

中国有句老话："柴多火焰高，人多力量大。"很多时候，我们做事情都讲人多，总是喜欢多人合作。

当然，众人合作并不是不好，但是从管理学的角度来说，在一个机构中，人员过多却不是什么好事。特别是管理人员过多的话，不仅浪费时间，而且浪费成本。

在《隋书·杨尚希传》中有这么一段话："当今郡县，倍多于古。或地无百里，数县并置；或户不满千，二郡分领；具僚以众，资费日多；吏卒又倍，租调岁减；精干良才，百分无二……所谓民少官多，十羊九牧。”我们的祖先，在很久以前就意识到这个问题了。管理人员过多，处理每件事情所要经过的手续就会变多，办事效率自然会降低；而且这些管理人员都不是义工，需要发给报酬，且比一般的工作人员的报酬要高，所以管理人员越多，机构要付出的工资成本也越多。从各方面来说，管理人员过多都不是一件好事。

在现实中，各公司、机关中管理人员过多的现象确实是不少的。这被总结成一个定律，讲的就是：如果实际管理人员比最佳人数多两倍，工作时间就要多两倍，工作成本就要多四倍；如果实际管理人员比最佳人数多三倍，工作时间就要多三倍，工作成本就要多六倍。这就是管理学中著名的苛希纳定律。

苛希纳定律虽然是针对管理层人员而言的，但它同样适用于对公司一般人员的管理。在公司里，绝不是人越多越好，人越多力量越大。三个和尚没水喝的故事，我们早已耳熟能详了。在一个公司中，只有每个部门都真正达到了人员的最佳数量，才能最大限度地减少无用的工作时间，降低工作成本，从而达到企业的利益最大化。

精简机构，方是出路

无论是追求经济效益的公司企业，还是追求社会效益的政府机关，工作效率都是至关重要的。没有工作效率，一切都是空谈。但如何才能提高工作效率呢？程序越简单越好，手续越少越好，最好是用最少的人在最短的时间做最多的事情，一方面节约时间成本，一方面节约报酬成本，两全其美。

ABB 公司是一家全球有名的电气工程公司，年销售额为 300 亿美元，是以生产发电机、机车以及防公害设备为主的具有世界水准的重型机电设备企业。这个公司在管理学上也很出名，是因为它的“五人规则”。连美国通用公司的总裁都说，通用汽车之所以在欧洲的事业能如此成功，也正是他改变了以往的做法，采取了类似 ABB 公司“五人规则”的精兵简政的策略。那这个“五人规则”讲的到底是什么呢？其实，它就是一种精简机构的策略，指营业额在 10 亿美元的企业配备 5 名管理人员即可。1988 年瑞典的阿塞亚公司和瑞士

的布朗·保彼公司合并时，ABB 公司总裁帕西·巴奈彼科将总部原有的 1000 多人缩减到 150 人，而且他们几乎都是负责生产一线的管理人员。通常由总部担负的职能，如财务、人事、战略规划等都下放给基层，由分布在不同国家和地区的业务部门自行完成。这样一来，机构就精简了许多，需要的费用减少了，工作效率提高了。

正因为 ABB 公司最大限度地精简机构的原则，才使工作人员与客户及市场有最紧密的接触，才能时刻了解市场和客户需求，最快地做出决策，以增加公司的销售额。这一原则的贯彻实施，使这个国际化的大公司更能适应世界的变化。

在小学低年级的算术入门书中有这样一道应用题："两个人挖一条水沟要用两天时间；如果四个人合作，要用多少天完成？"一般小孩的答案都是 1 天，而管理大师杜拉克却告诉大家，在实际操作过程中，可能要"1 天完成"，可能要"4 天完成"，也可能"永远完不成"。人与人的合作不是人力的简单相加，而是要复杂和微妙得多。1 加 1 有可能等于 2，也有可能等于 0。在人与人的合作中，假定每一个人的能力都为 1，那么 10 个人的合作结果有时比 10 大得多，有时甚至比 1 还要小。如果众人的力是向相同的方向使，那么可能会产生比总和还大的力；但如果是向不同的方向使力，那可能还不如一个人的力量大。这是物理学上很简单的现象，力的相互作用求合力的问题。多力相互推动时自然事半功倍，相互抵触时则一事无成。所以，力不是越多越好，而是向一处使的力越大越好。人不在多，而在精。只有机构精简、人员精干，企业才能保持永久的活力，才能在激烈的竞争中立于不败之地。

定律60
南风法则：
管理，温暖胜于严寒

定律阐释

南风法则，也叫作温暖法则，旨在告诉我们：在管理中，温情的关怀往往比严厉的批评更有效。孔子说的“仁政”就是这个道理。

将心比心，才能**得人心**

作为领导，一般都会有点儿架子和派头，似乎不教训人就不叫领导，不严肃就会失了威严，这是曾经广泛误导人们的管理观念。其实，在当今“以人为本”的社会里，这套早已行不通了。

法国作家拉封丹曾写过一则关于南风与北风的寓言，非常精妙。大家都知道北风的凛冽和刺骨，也知道南风的温暖和舒适。大家都害怕北风，而喜欢南风，但如果要比较一下这两种风哪个更厉害，估计多半的人会选择北风，因为它要可怕得多。其实不然。

寓言中给了南风和北风比赛的机会，看它们谁能把行人身上的大衣脱掉。北风先吹，天寒地冻，冷气四溢，结果行人把大衣裹得更紧了。接下来，南风不紧不慢地徐徐吹动，顿时风和日丽，暖意流动，行人觉得有些热了，就解开纽扣，脱掉了大衣。最终，南风获得了比赛的胜利。

这就是南风法则的由来。体现出南风法则精髓的几个字就是：温暖胜于严寒。也可以说是关心胜于批评。说到底，南风法则就是要管理者在管理过程中，不仅要通过教训和批评的方式树立威严，更要以仁爱为主，尊重和关心下属，以下属为本，多点人情味，使下属真正感觉到领导者给予的温暖，从而去掉包袱，激发工作的积极性。管理者要以德服人，而不是以罚服人；用爱心去树立权威，而不是用斥责来让人恐惧。

孟子云："爱人者，人恒爱之；敬人者，人恒敬之。"因此在管理中，作为领导干部，要真诚待人，将心比心，这样才会得到下属的爱戴和敬仰，管理才会行之有效。温情管理要比独裁管理适用得多。

关于温情管理，说得直白些，就是指领导要充分尊重、关心和信任员工，多为员工着想，急员工之所急，少点官架子，尽力解决员工工作、生活中的实际困难，让员工切实感受到领导对他们的关怀与关爱，从而让他们从内心深处想要以积极的工作回报这种关怀、关爱。

得人心者**得天下**

《孙子兵法》云："攻心为上，攻城为下。心战为上，兵战为下。"古往今来，许多事例已经证明了这一策略的高明。"得道者多助，失道者寡助"，如今商场竞争如此激烈，人心向背早已是成败之关键。如果你想在商战中获得生机，做强做大你的企业，那就必须设法赢得人心。古话说"得人心者得天下"，正是这个道理。

张月是个能干的女人，没几年就做了连锁餐厅的店长。原本餐厅人心涣散，但经过她强有力的管理，每个店员都变得中规中矩，大家都埋头做事，不多说话，餐厅显得很有秩序。但不久后，餐厅的营业额却莫名其妙地飞转直下。张月急得是满嘴冒泡，却也是百思不得其解：为什么表面上看起来好端端的餐厅，效益却变差了？老总可不管这些，一个电话过来："尽快找出问题，把效益弄上去，我们公司可不允许这样的事发生！"张月更是心急如焚，一筹莫展。与助理的一次谈话，终于解开了这个谜团，原来一切都是她的严苛惹的祸。本来这餐厅的管理像一盘散沙，员工个个工作散漫，是张月用她的"铁腕"扭转了这一切，打造出了一个纪律严明的团队。但是，当员工们有了工作的积极性，也都胜任了自己的本职工作后，张月依然不改之前的"铁腕"作风，有事没事就找人训话，一点小错就大发雷霆，不问原因，不留情面，也不管是初犯还是再犯，说得店员无地自容，使得大家都怕她。只顾着别犯错就好，哪还想着好好工作这回事。每天过得战战兢兢的，哪还有什么工作的热情？店员之间也很少交流，服务僵硬，以致难以吸引顾客。找到原因后，张月立即改变了自己的管理方法：平时有事没事就找员工聊聊，了解员工内心的真正想法，对员工嘘寒问暖，对有困难的员工给予适当的帮助，还不时诚恳地向员工们讨教餐厅发展的合理建议等。从“铁面无私”到“怀柔天下”，很快，张月的新管理方法见效了，员工们对工作有了热情，对顾客的服务也是将心比心，餐厅的效益自然也上去了。

作为管理者，千万不要把自己当主子看，把员工当仆人使。员工虽是下属，但也是有思想、有血有肉的人，他们也需要关心和鼓励。现在的管理方法，很多都在谈激励，但一般说的都是物质激励。其实，真正能深入人心的，往往是情感的激励。“感人心者，莫过于情”，真心地对待下属是对他们最好的激励。

古人云：“良禽择木而栖，良臣择主而侍。”作为管理者，要时常扪心自问：“员工为什么愿意跟着我拼命干？”他们除了求生存、求发展之外，还有就是觉得这个领导不错，他是真心待我们的。将心比心，以心换心，只有真心待人，才能赢得他人对你的真心。

所以，作为管理者，一定要真心对待员工，用心关心员工，这样才能赢得员工们为你拼命工作的真心。那么，你的企业自然就会越做越大，越做越强。

定律61

表率效应：

以身作则，一呼百应

定律阐释

在管理中，领导以身作则，下属就会自觉地跟随。表率的作用是无穷的，无论是规则还是制度，领导自己处处遵守，下属也不敢随便触犯。如果领导言而无信，下属也会任意妄为。

身教胜于言传，**领导要以身作则**

领导的职责就是管理下属，如何才能最有效地进行管理？首先，就是要取信于下属。如何才能达到这一目的？身教胜于言传，领导要以身作则。

在现实生活中，很多领导却是说得多做得少，这样很难令下属信服。成功的领导，99%在于自身的威信和魅力，1%在于权力行使，而这种威信与魅力，正是来自领导自身的行为。自己做得无可挑剔，下属自然安心工作。正所谓“己欲立而立人，己欲达而达人”，自己愿意做的事，才能要求别人去做；自己做得到的事，才能要求别人也做到。说得再多，都不如你亲自做一回，这样不仅能增加你的亲和力，更能形成高度的凝聚力。用你的行为——这无声的语言来影响你的员工，说服你的员工。“照我做的做”，这种强有力的榜样作用，会比你天天讲话、训话要有效得多。

作为管理者，要想管好员工，就得勇于当下级学习的标杆，对自己严格要求、事事为先。领导往往是一个组织、机构的核心，领导做到位了，下属都会向领导看齐，这样管理起来就轻松多了。

古往今来，无论是领兵打仗的将帅，治理朝政的君王、领袖，还是管理政务的大臣、官员，经营商业的商贾、大亨，如果没有以身作则的品行和自我约束力，就很难干出一番事业。

举世闻名的巴顿将军曾说过这样一句话：“战争中有这样一条真理：士兵什么也不是，将领却是一切。”这句话并不是在说普通士兵没用，而是在强调将领的作用很大。这句话背后的意思是：士兵的状态取决于将领的状态；将领所展示出来的形象，就是士兵学习的标杆！如果将领能以身作则，就能在士兵中树立权威，就会形成一呼百应的场面，士气高涨，胜利在望。相反，如果将领不能以身作则，必然致使军心涣散、溃不成军，那还如何应战？因此，巴顿说将领就是一切。

这个道理不仅仅适用于军队，在其他任何一个组织中都适用。凡是能够带领团队取得成功的领导者，必定是以身作则的领导者。

著名的管理学家帕瑞克曾说过：“除非你能管理‘自我’，

否则你不能管理任何人或任何东西。”领导就是下级学习的榜样，规章制度不只是为下属定的，也是为领导定的，领导要先做到，才能以行服人。

作为一名领导，第一原则就是要以身作则，看看你做了什么，而不是说了什么。领导并不意味着特权，也不意味着享受，而是意味着比一般人承担更多的责任，面对更多的困难。尤其是当组织遭遇困境时，领导要能身先士卒，展现出一种领军风范。

与下属同甘共苦

作为一个团队的领导者，自然有条件获得比一般人员更好的生活条件。而从下属的角度来看，他们认为自己与上司在人格上是平等的，生活条件上有差异经常会让他们感到不平衡。即使没有不平衡感，生活条件的差异也拉大了上司和下属之间的距离。以上两个原因将直接导致团队凝聚力的减弱。

所以，善于掌控团队的领导者，必然善于和下属同甘共苦，虽然最终目的还是自己获得更大利益。

西汉著名的“飞将军”李广，廉洁奉公，从不贪财。他每次得到朝廷赏赐，都分给部下。李广一生做俸禄二千石这一级的官职有四十余年，家中却没有多余的钱财，他也从不谈论置办家产的事。李广还与士卒共进饮食，每逢遇到饮食缺乏，或到断炊缺粮时，发现可饮用的水，士兵中只要有一个人还没有喝到，他就不会靠前先喝上一口；有了食物，若不是每个士兵都吃到了，他是连尝都不会尝的。他对士兵宽厚和蔼，不加苛扰，因此士兵都爱戴他，乐于听他指挥，勇于杀敌。

东汉开国功臣祭遵，官至征虏将军，一生廉洁谨慎，每当因战功得到朝廷赏赐时，他都全部分给士卒，而自己却“家无私财，身衣韦绔”，甚至连夫人都“裳不加缘”，异常勤俭节约。

在现在的一些企业里，我们常可以看到上司和员工们一块儿吃盒饭，一块儿加班，业绩好了也不吝惜薪水的现象。这些企业往往是上下一心，越做越强。而那些上司高高在上的公司企业，则经常会遭遇失败，这就是因为管理者不懂得同甘共苦，以增强团队凝聚力。

定律62

吉尔伯特定律：

人们喜欢为他们喜欢的人做事

定律阐释

吉尔伯特定律，由美国管理学家瑟夫·吉尔伯特提出，每个人都心甘情愿为自己喜欢的人做事，且往往任劳任怨、不计得失。

士为**知己者**死

春秋战国时期，有多少勇士只为报答某人的知遇之恩，而肯为这人舍生赴死。再如诸葛亮，这么有智慧的一个人，为了不辜负刘备的“三顾茅庐”之情，即使刘禅是“扶不起的阿斗”，也依然为蜀国的强大鞠躬尽瘁。所以，无论是文人还是武士，只要你懂得欣赏他，他就不会辜负你的欣赏。现代企业管理也要借鉴古时御人之道。懂得欣赏和赞美自己的员工，让他们把你当作赏识他们的知己，他们就会努力工作作为回报。

每个人都需要鼓励和赞美，都需要认可和欣赏。美国著名女企业家玛丽凯经理曾说过：“世界上有两件东西比金钱和性更为人们所需——认可与赞美。”金钱虽然可以激励你的员工去为你工作，但金钱不是万能的，而赞美却恰好可以弥补它的不足。其实，无论表面上看起来如何，每个人的内心深处都有比较强的自尊心和荣誉感，他们需要表扬和赞同。认可和赞同是一种共鸣，会让人产生一种知己感，这样很容易让对方喜欢你。有些人对自己不是那么自信，特别是普通的员工，如果能得到领导的赏识和认可，他们会由衷地为你好好地工作。

不时地关心和爱护自己的员工，让员工感觉到自己的价值和重要性。

作为一名管理者，就应该时刻关心自己的员工，像关心自己的客户一样。只有真心对待自己的员工，员工才会真心地对待客户。你对员工的每一丝关爱，他们都会记在心里，用自己的工作成绩来回报你的关心；如果你对员工不闻不问，那么他们也会用相应的工作态度来回报你的苛刻和冷漠。真诚待人，才能得到真正的拥护。企业应该像一个家庭一样，充满爱，充满和谐。所以，领导要多关心自己的员工，懂得欣赏和认可自己的员工。

懂得欣赏和赞美下属

作为一个领导者，不能只是颐指气使，对下属吆五喝六，更要懂得欣赏和赞美下属。人人都渴望别人欣赏和赞美自己，俗话说“好话不嫌多”，领导者不要吝啬自己的溢美之词，要多多鼓励和赞美自己的员工，这样他们才会心情愉快地为你卖力工作。

当你看到自己的下属工作出现问题时，你一定要想清楚，该选择哪种方式来对待他、对待他所犯的错误：鼓励还是批评？赞美还是打击？

从前，有一个伟大的妈妈，她从不批评自己的儿子，无论儿子的老师告诉她，儿子表现有多差，她依然是鼓励和赞美自己的儿子，结果这个儿子最后考上了清华。这就是鼓励和赞美的力量。

在儿子上幼儿园时，他的老师向她抱怨："你的儿子有多动症，在板凳上连 3 分钟都坐不了，你最好带他去医院看一看。"她很伤心，但却对自己的儿子说："老师表扬了你，说宝宝原来在板凳上坐不了 1 分钟，现在能坐 3 分钟。其他妈妈都非常羡慕我，因为全班只有宝宝进步了。"

当儿子上小学时，老师又在家长会上对她说："这次数学考试，全班 50 名同学，你儿子排第 40 名，我们怀疑他的智商有点儿问题，您最好能带他去医院查一查。"她哭了，但却对儿子说："老师对你充满信心，说你不是个笨孩子，只要你能细心点，肯定能超过你的同桌，这次你的同桌排在第 23 名。"

儿子上初中时，家长会上她静静地等待"挨批"。可到最后，老师也没有点儿子的名字。她有些不习惯，临别时去问老师，老师告诉她："按你儿子现在的成绩，考重点高中有点危险。"她惊喜万分，对儿子说："你们老师对你非常满意，说只要你努力，考重点高中肯定没问题。"

儿子上了重点高中，成绩平平，但她却对儿子说："你们老师觉得你的潜力很大，只要运用得当，肯定能考上清华，妈妈也相信你一定能考上清华。”

儿子高中毕业，第一批大学录取通知书下达，儿子从学校回来，把一封印有清华大学招生办公室的特快专递交到她的手里，哽咽着对她说了这样一句话：“妈妈，我知道我不是个聪明的孩子。这个世界上只有你能欣赏我，所以我永远不会让你失望。”

一连串的鼓励和赞美，就能创造出一个伟大的奇迹。如果你能像那位母亲欣赏自己的儿子一样欣赏自己的员工，像那位母亲鼓励和赞美自己的儿子那样鼓励和赞美自己的员工，那么你肯定会拥有世界上最强大的团队、最忠心最能干的员工。

人们喜欢为自己喜欢的人工作，因为他们懂得欣赏和赞美自己。一名员工在一个公司工作，能够时刻感受到自己的价值，会让他工作热情倍增，工作效率大大提高。

作为管理者，就要时刻让自己的员工感受到自己的价值、自己的重要性和成就感。这就需要通过不断地认可、鼓励和赞美来完成。想要自己的员工成为全世界最好的员工，那么你就要把他们当作最好的员工来对待，认可、鼓励和赞美是你培养和拥有最好员工的法宝。

定律63

参与定律：

参与是支持的前提

定律阐释

由美国著名企业家玫琳凯提出：每个人都会支持他参与创造的事物，因为这是他自己做出的决定，是他自己智慧的结晶。

有参与才有支持

每个人都会支持他参与创造的事物。所以，想让别人支持你的观点，就让他参与你的构思；想让别人支持你的行为，就让他参与你的行动；想让别人支持你的决策，就让他参与决策的讨论。这是最简单的道理，但却在现实中很少被实行。

现今的企业，大多还是少数几个高层说了算，无论是制定企业的发展方向还是员工的待遇福利，只要高层开个会讨论一下，这件事情就算定了，就开始在企业上下推行。这样就容易出现一些矛盾，比如有些员工对一些制度或决策表示不满，严重的会辞职不干，轻微的也会消极怠工。企业不只是几个人的企业，它的发展关系到在这企业工作的每个人的生活和命运，它是大家的企业，所以企业的每位员工都应该有发言权和参与权。让每个员工都参与到企业决策的制定中去，会让整个企业上下一心，气氛融洽，战无不胜。

管理者要想让员工朝着企业制定的目标全力奋进，就必须为员工提供明确的战略远景，让员工参与相应的决策制定，这样才会加强员工对战略决策的认同，上下一心朝着一个方向迈进。同时，当员工参与了企业的决策和管理后，会对企业也产生很高的认同感和满意度，会自觉地认为他是这企业的一员，有一种“主人翁”的感觉，这样就会干劲十足，企业也会获益颇多。

参与是支持的前提，有参与才有支持。不要怕别人会有不同意见，让大家参与到公司的决策和管理中来，会让公司更有活力和激情，会让公司更融洽与和睦，会让公司有更清晰的发展前景。

懂得**让对方参与**

想说服一个人，或想让某人支持你的决定，那么最好的方法就是让他也参与其中。人与人之间需要沟通和交流，这个世界不是“一言堂”，不是你拍板别人就必须听你的，要懂得让别人心甘情愿地跟随你，要懂得让对方参与到你的计划或决策中去，让他感觉到这不只是你一个人的意见和决定，是你们共同努力的结果。这样，你的计划就很容易成功。

有一位专门负责推销装帧图案的年轻人，就从自己的经历中悟出了这个道理。这位年轻人起初到一家公司去推销装帧图案，每次都碰壁，可他从不灰心，一直坚持每星期去一次，但是这样跑了一年多，还是没能与这家公司达成交易，而且这家公司的主管每次拒绝他的理由都是一样的："你的图案缺乏创新，我看还是不能用，对不起……"

一年多的努力，一点儿收获也没有，年轻人决定要放弃，但是他想在放弃之前，搞清楚自己失败的原因。于是，他又一次出现在那家公司主管的面前，恳切地请求主管能给他指点一下，提出自己对这些图案的意见。这位主管接受了年轻人的请求，把自己的一些想法告诉了年轻人。几天后，年轻人带着根据主管的意见修改完成的装帧图案，又去见那家公司的主管。结果，那家公司全部购买了这批装帧图案。

通过这件事情，年轻人明白了一个道理：不能强迫别人接受自己的想法，而是要让他们参与创造、设计装帧图案，这样他们就会主动来购买这些“自己的作品”。明白了这个道理后，年轻人的推销工作就如鱼得水，做得越来越顺利了。

其实，这是个很简单明了的道理，只是很多人还不懂得运用。在企业管理中，这个道理更是适用。让员工参与公司的管理与决策，让员工感觉到那些决策是自己的“作品”，那么员工就很容易接受和支持这些决策。而且，员工都是在第一线工作，比那些中层领导更清楚自己的工作和企业的问题。

这就是参与的力量，懂得让对方参与到你的计划中来，你会收获意想不到的成功。

定律64

德尼摩定律：

先知人，
再善任

定律阐释

德尼摩定律，是英国管理学家德尼摩提出的，他主张，凡事都应该有一个可安置的所在，一切都应在它该在的地方。如果位置选择得合适，那么人们在工作、学习、生活中就会全身心地投入，即使遇到挫折或者暂时的失败，也不会影响到他们前进的脚步。反之，人们就会逐渐懈怠。

恰当安排**员工的位置**

古语有言："橘生淮南则为橘，生于淮北则为枳。"自然界如此，人类亦是如此。"凡事都应该有一个可安置的所在，一切都应该在它该在的地方"，这个论断因为在管理领域的广泛运用而成为著名的德尼摩定律。因此，对于管理者而言，如何恰当安排员工的位置，就显得尤为重要。

每个人只有在最适合他的位置上站住脚，才能充分发挥出他的才能，为公司创造最大的价值。但是，每个人心目中对“最适合”这一概念的定义都有不同的见解，那又怎样确定一个位置是适合这个员工，还是适合其他的员工呢？

带着同样的好奇心，管理学家们也做了大量的努力，综合了各类性格人群的观点。总的来说，如何将合适的员工安排到合理的岗位上去，主要应从以下几个方面考虑：

1. 看工作的领域和性质是否符合员工的价值观

价值观，通俗地说，就是指一个人判断周围的客观事物有无价值以及价值大小的总评价和总看法。每个人都有属于自己的价值观，与性格相似，一旦确立，便具有一定的稳定性。安排工作也一样，管理人员就要根据这一点进行人员的合理调配。比如，学广播主持专业的人员，大多会认同传媒方向的价值观与专业文化，如果让他去广告部就职，面对那里大量的设计策划事务，他将会觉得自己无用武之地。因此，专业领域是否对口是安排员工首要考虑的问题。

2. 要看员工的个性与气质能否在工作中得到很好的发挥

当帮助员工确定了适合他们的工作方向之后，也就是确定了他们今后发展的大方向，接下来要考虑的就是，在公司内部，什么样的具体职务才适合这些员工。如果某个人严谨认真，安排他做行政或者助理类的工作将比较合适；如果某个人富有创意，把他安排到营销策划类的工作中将是一个不错的选择；如果某个人精通管理，懂得用人之道，那么可以先任命他做一个小的团队的领导人，慢慢培养提拔。总之，管理者要让员工在最适合的工作岗位上就职，这样不仅是为员工的长远发展负责，也是为公司的利益负责。

总而言之，德尼摩定律告诉我们的道理很简单：位置有很多，但每个人最适合的却只有一个。因此，确定最佳位置很关键。

如何实现**知人善用**

管理，从宏观角度来说，无非就是考虑两大群体：管理人员与被管理人员。做好这两方面的工作，使得领导与员工都能够在各自的工作岗位上各司其职，那么管理自然也就发挥出了它的最大效力。德尼摩定律也是如此，员工要认清自我，寻找最适合自己的行业与职位，领导更要帮助员工去找到那个最适合他的位置。

首先，管理者要熟悉自己手下的员工，根据德尼摩定律，每位员工尽管在生活习惯、教育程度、个人喜好、价值观等方面存在着或多或少的差异，但是却有着一个共同点：都有一个他最适合的位置。在当今文化多元化的时代浪潮中，领导负责的部门有很多，而要安排的员工也有很多。只有让员工与岗位进行最优的匹配，才能让每个员工发挥最大的功效。

在了解了手下员工的各方面的特点之后，对于企业的领导来说，就要体现出发掘人才的才能了。德尼摩定律就是在强调知人善用。什么叫知人善用？先去了解一个人，知道了他有什么性格，有什么喜好，有什么优点和缺点，怎样调动他的积极性，将他放在什么位置上最合适，等等，然后再考虑尽用其才，为公司赢利。需要强调的是，管理者在指导员工选择职位的时候，就要确保它的稳定性。既然选择了，就要让员工在岗位上踏踏实实地干出一番业绩，不能轻言放弃，更不能三天两头地调换员工的工作，而应该在让员工在最适合自己的广阔天地中尽情挥洒自己的才情与汗水。

真正具有高素质的管理领导者不必事无巨细、事必躬亲，只要合理安排人员，在宏观上进行指挥调控就可以了。如果能充分发挥每位员工的积极性和才能，那么事业成功就只是时间早晚的问题。

知人善用，说起来似乎很容易，真正实施起来，却需要注意很多细节上的问题。管理者要按照员工的特点和喜好来合理分配工作，让最合适的人做最合适的工作。然而，金无足赤，人无完人，再优秀的人也会有他的软肋。因此对于管理者来说，只要能够扬长避短，最大化其优点，最小化其缺点，就可以让人才为自己所用，为企业创造价值。

但是，人才并不是与生俱来的，人才也会犯错误，更需要

时间来成长，因此管理者要耐心地去慢慢培养、鼓励。只有这样，才能让员工在成长的过程中获得一种归属感、满足感与成就感，产生一种对组织认同的向心力。人心齐，泰山移。有了凝聚力，企业就能无坚不摧。

长久以来，德尼摩定律都在有意无意中影响并指导着我们的生活。相信每一个人都存在着不同方面的潜质，没有真正无能的人，只有不会使用才能的人。

定律65

鲦鱼效应：

火车跑得快，全靠车头带

定律阐释

鲦鱼效应，又叫头鱼理论，最初由德国动物学家霍斯特提出，指群体中的成员因为自身的弱小而寻求强大的领导。但事实上，如果盲目跟从强者而不加思考，最后往往导致失败的结局。

领导责任**重于泰山**

鲦鱼是一种群居的鱼类，这是因为单个的鲦鱼没有太大的能力去攻击其他鱼类。通常它们有一个比较具有“智慧”及活动力强的首领，其他的鲦鱼便追随在它后面，亦步亦趋，形成一种极有趣味的唯首领“马首是瞻”的生活秩序。

德国动物行为学家霍斯特曾经做了个实验，他将一条鲦鱼的脑部割除，这条鱼竟然还能维持相当一段时间的生命。当这条鱼被放入水中时，它不再限制自己必须游回群体，它已经丧失了一条正常的鱼的抑制能力，相反，这条暂时精力十足的鱼可以任自己喜好而游向任何地方。令人惊异的是，其他的鲦鱼这时都会盲目地跟随它，使这条无脑的鱼成为鱼群的领导者。

鲦鱼因为体形弱小而逐渐形成了群居的习惯，并以群体中的强健者为自然首领。这是鲦鱼生存的基础，可以理解。可是，如果将鲦鱼首领脑后控制行为的部分割除之后，它失去了方向感，行为也发生了紊乱，找不到食物，也躲避不了天敌的袭击。这时，如果忠诚的鲦鱼们依然追随它，那么迎接这个鲦鱼群体的命运只有一个——灭亡。

鲦鱼效应看似简单，却说明了领导者对于组织命运的重要性。领导者是否优秀，不仅关系着个人成败，更关系着企业的发展和全体成员的命运。因此，作为领头人，本身就要明确自己所肩负的责任：要对组织的命运负责，更要对组织中成员的命运负责。

当鲦鱼中的自然首领行为紊乱后，整个鱼群的行动也会跟着紊乱。同样的道理，在一个企业或者组织中，如果领导者出现了问题，那么整个企业和组织也不可避免地要出现问题。这种经历相信每个人都曾体验过。上课的时候，如果某位老师因为心情不好而导致讲课的兴致不高，就会间接影响到学生的听课效率。一个小小的班级尚且如此，更何况是企业或者组织。因此，领导者是一个企业的主心骨，应该为企业的发展勇挑重担。

如果企业或者其中的某个部门出现了问题，领导者一定要勇于承担责任，千万不可推卸责任，置公司利益于不顾。那样不仅会使问题更加恶化，还会影响企业的后续发展。对于领导者个人而言，面临的则是信誉扫地、影响力大减的威胁，结果往往只能自讨苦吃。

任何问题，从产生到暴露，都需要一个或长或短的时间。所以，领导者对于问题的获知，就会有一定的滞后性。而且，有的时候显现出来的问题只是冰山一角，在这背后还有更多更为严重的问题亟待解决。但是，有的领导者喜欢推卸责任，当企业内部出现问题时，总认为责任不在自己身上，是员工个人的问题，不但不及时解决问题，反而一味推卸、一味指责。这样会严重伤害员工的积极性，长此以往，也会使整个团队失去凝聚力。

那么，成功的领导者该如何做呢？真正的领导者，在面对问题的时候，不是先问为什么，而是先想怎么办。把问题的责任先放在一边，把注意力放到解决问题上，至于问题产生的原因为何，责任在谁，可以事后再进行反思。

在这方面，海尔集团的董事长张瑞敏可谓树立了榜样作用。现在提起海尔家电，可谓家喻户晓，也深得消费者的好评。但是在企业成立初期，消费者对海尔的认可度不高，销量持续上不去，生产的冰箱都在仓库里积压着，资金周转不开，生产面临着很大的威胁。这时，张瑞敏得知，在仓库积压的冰箱有100多台存在质量问题，当即召集全厂职工开会，在全厂员工面前大谈质量与诚信对一个企业的重要性，最后，在众多员工的百般阻挠下，仍然让人用铁锤将存在质量问题的冰箱全部砸毁。这一举动让所有的海尔人如梦初醒。随后，在海尔的公司里，就出现了一个庄严的铁锤和一句话：质量是企业的生命。从此，在漫长的创业历程中，海尔人始终秉承着这个信念，拿质量说话，凭质量竞争，逐渐打开了国内外的广阔市场，在同行业中脱颖而出。

张瑞敏就是一位勇于承担责任的领导者，面对企业出现的问题，并没有任其发展下去，也没有指责生产部门的玩忽职守，而是当机立断拿出方案，将问题扼杀在摇篮里，然后再谋发展之道。这样的领导者，才能带领成员闯出一片新天地，避免鲦鱼效应一损俱损的局面的出现。

愚钝的领导者，先推卸责任，再指责他人；明智的领导者，先解决问题，再反思责任。前者失去的是个人的威信和企业的利益，后者得到的是领导的威信和企业的良性发展。领导者的责任重于泰山，不可小觑。

切勿盲目跟风，**随波逐流**

鲦鱼群体的灭亡，一方面是由于其首领的错误领导，找不到食物，躲避不了天敌；而另一方面，也与鲦鱼群体的盲目跟从有着极大的关系。如果它们能够及时发现首领的紊乱行为，并重新确定新的首领，那么它们就不会有惨遭灭亡的命运。

鲦鱼的经历也警示着企业的一些中低层管理者们，要时刻保持清醒的思维和头脑，不可盲目跟从上级领导。上级决策正确明智，当然要不遗余力地去执行；但如果决策有失偏颇，而你还不假思索地跟随了领导们的错误决策，那么后果是很严重的，不仅不能出色地完成任务，更会影响自己的前途。

当看到鲦鱼群体的灭亡之后，或许有人会认为：难道鲦鱼真的错了吗？它们作为鱼群中的一员，不是自始至终都在做忠诚的追随者吗？难道管理团队中有这样的管理者不好吗？

忠诚固然没有错，一家公司之所以迅速成长、发展壮大，是因为拥有一群忠实并甘于奉献的管理人员；一支军队之所以能破敌制胜，是因为拥有忠实的战士在为之努力奋战，不离不弃。但是，切莫忘记，我们所认为的忠诚都应该以领导者的正确决策为前提。脱离了这个前提，“忠诚”就要另当别论了。试想，如果一家公司的领导人决定要不惜一切代价地降低成本、获取利润，甚至可以将这种利润的获取建立在偷工减料、损害消费者利益的基础上，那么作为下一级的管理者，还会去“忠诚地”执行他的命令吗？如果一支军队的将领抵挡不住敌方糖衣炮弹的诱惑，而率领整个军队投降，一位真正忠诚的战士仍然会生死相随吗？在这种情况下，只有那些敢于果断地站出来，指出领导者错误决策的人，才是真正对公司、对军队忠诚的人，这种意义上的忠诚才值得尊重。反之，那只能说他们也是鲦鱼，只懂得盲目的“忠诚”，近似于无知。

那么，当一个企业出现了发展的瓶颈，只能在夹缝中求得生存的时候，中低层管理人员们应该何去何从呢？其实，这时不妨综合运用一下鲦鱼效应。先观察领导们的反应。如果领导者拥有足够的智慧与魄力，能够为企业制定一个切实可行的解决方案，并将大家的力量都聚集到一起，将全体工作人员的积极性和信心都充分调动起来，那么就说明这样的领导还是值得追随的，这样的企业还是有生命力的。虽然明明知道前面等待自己的是许多困难，但仍会笑着去面对。最终，在这个强有力的领导的带领下，共同努力使企业走出困境。而如果情况恰恰相反，领导者不思进取，整天怨天尤人，消极地等待命运做出裁判，那么中低层管理人员就没有必要跟着这样的领导一条路走到黑了，可以适时提出辞职，另谋出路。

在当今这个多元文化的社会中，拥有自己的主见很重要。不要盲目跟风，那样会使自己变得愚蠢；不要随波逐流，那样会让自己在不经意中迷失自我。工作如此，生活亦是如此。

定律66

零和游戏定律：

大家好
才是真的好

定律阐释

在一项游戏中，游戏者有输有赢，一方所赢正是另一方所输，游戏的总成绩永远为零。这样其实并不是完美的结局，明智的竞争应该避免这种现象，尽量做到让大家都好。

化敌为友，**与对手双赢**

在大多数情况下，博弈总会有一个赢一个输，如果我们把获胜计算为 1 分，而失败为 -1 分，那么，这两人得分之和就是 1+(-1)=0，即所谓的零和游戏定律。

这个定律渗透了一个典型的现象——囚徒困境。讲的是，A 与 B 两人共同作案被捕，面临的判决选择有：如果 A 单独交代，会得到 1 年的监禁，他的同伙则要被监禁 10 年，反之亦然。如果 A 和 B 都坦白交代，那都要被判处 5 年的监禁；如果 A 和 B

都拒不交代，则由于证据不足，两人都将被释放。

可以看出，当两个囚徒都出于自私动机而坦白交代时，并不是最佳结果；只有当他们进行“合作”或按利他主义行事时，结果才会最好。这也深刻地告诉我们，在竞争过程中，我们要懂得化敌为友，争取双赢。

在当今这个战略制胜的时代，双赢的理念和意识在竞争中发挥着非常积极的作用。很多时候，竞争中你若能化敌为友，这样得到的朋友比你先前的朋友更能帮助你。因为你先前的朋友所占有的资源，你可能已经拥有；所掌握的技能，你可能也已经掌握。化敌为友产生的新朋友，所占有的资源、所掌握的技能，可能正是你一直想拥有而未能拥有的，而对手从你那里也有所需，这样就促成了与对手双赢的结局。

1997 年 8 月 6 日，IT 界传出一个惊人的消息：微软总裁比尔·盖茨宣布，他将向微软的竞争对手——陷入困境的苹果电脑公司注入 1.5 亿美元的资金！

此语一出，IT 界为之哗然。比尔·盖茨大发善心了吗？

作为当时的世界首富，比尔·盖茨在世界各地捐资。但这一回，他却不是捐资，更不是行善，他向苹果注入资金是出于商业目的。

苹果电脑公司诞生于一个旧车库里，它的创始人之一是乔布斯。苹果的成功，在于乔布斯是世界上第一个将电脑定位为个人可以拥有的工具，即个人电脑，它就像汽车一样，普通人也可以操作。这是一个划时代的产品定位概念，因为在那之前，电脑是普通人无缘摆弄的庞然大物，不仅需要艰深的专业知识，还得花大价钱才能买到手。

乔布斯很快推出了供个人使用的电脑，引起了电脑迷的广泛关注。更为重要的是，苹果公司还开发出了麦金塔软件，这也是一个划时代的、软件业的革命性突破，开创了在屏幕上以图案和符号呈现操作系统的先河，大大方便了电脑操作，使非专业人员也可以利用电脑为自己工作。

苹果公司靠着这些核心竞争力，诞生不久就一鸣惊人，市场占有率曾经一度超过 IT 老大 IBM。

然而，在进入 20 世纪 90 年代，网络经济突飞猛进之际，苹果公司却慢了一拍，未能抓住网络化这一先机，市场占有率急剧萎缩，财务状况日益恶化，1995 ～ 1996 年连续亏损，亏损额高达数亿美元。苹果公司使出了浑身解数，但种种努力都没有产生太大的效果。

就在苹果公司上上下下愁眉苦脸之际，微软突然伸出援助之手。难道天下真的有救世主吗？当然没有。

比尔·盖茨自有他的如意算盘。他知道，苹果作为一家辉煌一时的电脑霸主，尽管元气大伤，但潜在的实力却非常巨大。

在这个时候，很多电脑公司，包括微软的一些竞争对手如 IBM、网景等，都想利用苹果乏力之机，提出与苹果合作，来达到和微软竞争的目的。显然，如果微软不与苹果合作，对手的力量就会更强大。

更为重要的是，美国反托拉斯法有规定，如果某个企业的市场占有率超过规定标准，市场又无对应的制衡商品，那么这个企业就应当接受反垄断调查。如果苹果公司垮了，微软公司推出的操作系统软件市场占有率就会达到92%，必然会面临反垄断调查，那么仅仅是诉讼费就将超过从苹果公司让出的市场中赚取的利润。而和苹果合作，则可以把苹果拉到自己这一边，苹果和微软的操作软件相加，就基本上占领了整个计算机市场，微软和苹果的软件标准就成了事实上的行业标准，其他竞争对手就只好跟着走了。当然，微软的实力比苹果强大，不会在合作中受制于苹果。

谁都看得出来，拉苹果一把，有百利而无一害，比尔·盖茨扮演一回救世主绝对不吃亏。

可见，与其付出代价而消灭对手，不如化敌为友，与其双赢更为划算。

NBA比赛中的赢家学问

NBA（美国职业篮球联赛）被认为是当今世界上发展最完备、职业化程度最高的篮球联赛，公平、公正、公开是它一贯的原则，它的很多项规章制度都自觉或不自觉地打破了零和游戏定律。

比如NBA的选秀制度。为了使NBA各队的实力水平不至于太悬殊，从而增加比赛的精彩和激烈程度，NBA都要在每年度的总决赛之后，在6月下旬举行一年一度的选秀大会。参加选秀的一般是全美各大学的学生，均为NCAA全美大学生篮球联赛中的佼佼者。当然，最近几年里，高中生和国际球员有增多的趋势。NBA根据他们的综合实力给他们打分排名，然后各球队依照该年度在常规赛中的优胜率排名，按由弱到强的顺序依次挑选。为

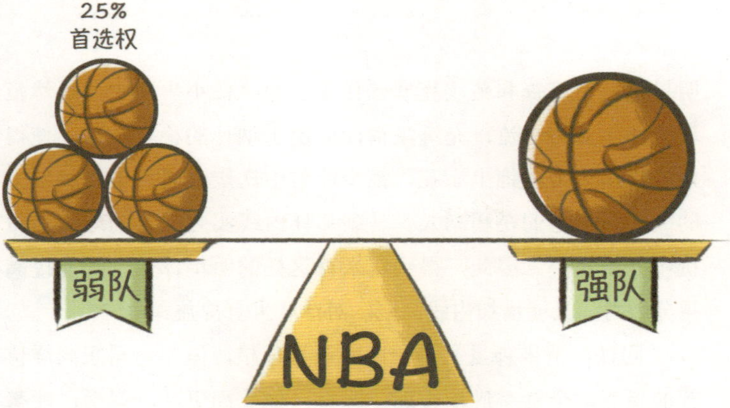

了公平起见，NBA 从前几年开始，在选秀前先分发 1000 个乒乓球，上面注明挑选的顺序号，常规赛成绩最差的球队可挑 250 个号，他们挑中首选权的概率是 25%。以下依次类推。

这种制度是制衡各队强弱的杠杆，弱队每年总能得到一些能量补充，而强队得到好球员的概率则相对较小，这样就使得 NBA 各队之间的实力差距不至于太悬殊，这既保证了比赛的水平和质量，也保证了 NBA 的活力。这项制度实质上是 NBA 的经营手段，它的最终目的是使联盟能获得最大的利益。它不仅仅要求联盟获利，而且是力争使所有的球队（无论强弱）都获利，只是获利的多少有所区别而已。这是一种多赢的局面，而这种多赢正是双赢的延伸和发展，是双赢的最大化体现。相反，如果只是超级强队获利，而弱队一直赔钱的话，NBA 恐怕早已经萎缩，也不会从当初的 11 支球队，发展到如今的 30 支球队了。

NBA 球队之间的球员交换，也表明了参与球队希望双赢或者多赢的愿望。像当年勇士队与小牛队完成的 9 人大交易，其出发点就是为了共同提高两队的实力。在这场交易中，两队的明星球员贾米森和范埃克塞尔作了互换。在小牛队中，虽然范埃克塞尔实力一流，充满激情，但由于纳什的稳定发挥，使得他的作用大多是锦上添花，很少能雪中送炭；而由于内线实力的欠缺，使他们在和湖人、马刺那样内线实力强大的球队的对抗中处于劣势。因此，得到贾米森这样的明星球员，既能提高得分能力，又能增加内线高度，对球队大有裨益。

同样，贾米森虽是勇士队的头号球星，但和他司职同样位置的墨菲上个赛季进步神速，况且比他更高更壮，似乎已能替代他的角色。倒是勇士队的后卫阿里纳斯虽然获得了上个赛季的“进步最快奖”，但由于年轻，尚欠稳定，常常无法帮助球队在关键的比赛中力战到底。他们曾看上了马刺队的克拉克斯顿，还将“袖珍后卫”博伊金斯招至麾下，但这些人和范埃克塞尔相比，显然不在一个档次。因此勇士队才会放走头号球星，迎来小牛队的替补后卫。这种思维和行为方式，正是期待双赢的表现。

当然，在NBA中也存在不和谐。森林狼队的“乔·史密斯事件”，就公然违反了公平、公开、公正的原则，暗箱操作，侵犯了群体的利益。NBA官方发现之后，对森林狼队进行了严厉的处罚——处以巨额罚款，剥夺其3年的首轮选秀权，球队老板以及副总裁被禁赛数月，球队和史密斯签订的合同无效，史密斯还被迫为活塞队效力1年。缺乏真诚合作的精神和勇气，不遵守游戏规则……森林狼队为此吃尽了苦头。

定律67
波特法则：

有独特的定位，
才会有独特的成功

定律阐释

波特法则，由美国哈佛商学院教授迈克尔·波特提出：竞争中最有效的防御，是从根本上阻止战斗发生。所以，有独特的定位，才会有独特的成功。

不求第一，**但求独特**

被誉为“竞争战略之父”的哈佛商学院教授迈克尔·波特曾说过这样一句话：“不要把竞争仅仅看作是争夺行业的第一名，完美的竞争战略是创造出企业的独特性——让它在这一行业内无法被复制。”

由其提出的波特法则指出，防止完全竞争最为有效的途径之一，就是要从根本上阻止“战斗”的发生。要做到这一点，对自己的产品就必须有独特的定位，自己的竞争策略就要有独到之处。这方面，比尔·盖茨为我们做了一个非常成功的例子。

几年前的某一天，比尔·盖茨从其西雅图总部附近的一家餐馆走出来，一个无家可归者拦住他要钱。给点儿钱自然是小事一桩，但接下来的事却令见多识广的比尔·盖茨也目瞪口呆——流浪汉主动提供了自己的网址，那是西雅图一个庇护所在互联网上建立的地址，以帮助无家可归者。

“简直难以置信，”事后盖茨感慨道，“Internet 是很大，但没想到无家可归者也能找到那里。”

比尔·盖茨的微软给互联网带来了统一的标准，也带来了前所未有的垄断。其视窗（Windows）操作系统几乎已成为进入互联网的必由之路，全世界各地的个人电脑中，92% 在运用 Windows 操作系统。更值得一提的是，过去几年来，微软共投资及收购了 37 家公司，表面看起来好像是一种随心所欲的资本扩张行为，但只要把这 37 家公司排在一起分门别类，立刻就会令人大惊失色！因为这 37 家公司所代表的竟然是网络经济的三大命脉：互联网络信息基础平台、互联网络商业服务、互联网络信息终端。微软不仅统治了现在的个人电脑时代，而且已经开始着手统治未来的网络时代！难怪美国司法部要引用反托拉斯法控告微软。

但比尔·盖茨从容地说:“微软只占整个软件业的4%，怎么能算垄断呢？”

盖茨的话也自有他的道理，因为软件的形态与工业时代的规模和产品建立的垄断已有明显区别。实际上，微软已不仅仅是单纯的垄断,只有“霸权”才能更确切地描述微软的真实状况。因为操作系统是整个电脑业的基础，微软以核心产品的垄断获得了对整个软件行业的霸权，使得垄断操作“稀释”和掩饰在更大范围的霸权之中，与单纯的数量份额和比例等有关垄断的硬性指标已无明显关系。

这种软件业的霸权是一种独特的霸权，是知识的霸权、创新的霸权，更是盖茨在竞争中的独特的定位。

所以，要想在激烈的市场竞争中立于不败之地，你可以不求第一，但一定要求独特。

一只脚不能同时踏入两条河流

哲学上有一个公认的观点是“一只脚不能同时踏入两条河流”，其实，竞争中所采取的决策亦是如此，如果有真正的决策，就不能同时选择两条道路。在战略上面，决策就像岔路，你选择了一条路，那就意味着你不可能同时选择另外一条路。

下面，我们就以美国奋进汽车租赁公司为例来谈谈这个问题:

奋进是美国赫赫有名的汽车租赁公司，然而，你若去有一定规模的机场租车区，一定能够看到赫斯汽车租赁公司和爱维斯汽车租赁公司的柜台，也可以看到很多小汽车租赁公司的柜台，却看不到奋进公司的柜台。更令人费解的是，奋进公司的租金要比对手低30%左右，但总是比其他更有名气的竞争对手获得更多利润。

原来，与爱维斯汽车租赁公司和赫斯汽车租赁公司将自己的客户定位于飞行旅游者不同，奋进汽车租赁公司将服务对象定位于那些还没有买到自己汽车的人。对于这些客户来说，如果需要自己支付租金，价格就是一个重要的考虑因素，而且他们肯定还要考虑保险公司是否会理赔。奋进汽车租赁公司就有意识地裁减各种客户不愿意付费的项目和可能增加的成本，包括做广告的费用。

就这样，奋进汽车租赁公司始终如一地坚持这一策略，尽管客户付费较少，但他们节省的开支大大超过了收费低廉而造成的损失，而且在业内总能成为赢家。

可见，在竞争中选择一个独特的策略，并始终坚持这一个方向，才能成为行业真正的、持久的赢家。

与之类似，戴尔电脑公司在1989年的经营模式改革中也体会到了这一点。当时，戴尔感到自己的直销模式发展得不够快，就试图通过代理商来销售。可是，当他们发现这种转变给公司业绩带来损害的时候，就马上取消了这种做法。问题在于，如果你同时选择两条道路，别人也会这么做。所以，你要选择一条自己最擅长的、具有独特定位的方式坚持下去。这样，你的差异化道路就会具有持续的力量，使对手无法打败你。否则，你只会表现平平。

学会了这些，你在具体制作竞争策略的时候，就应该懂得不能让自己的“一只脚同时踏入两条河”的简单道理了。

定律68

权变理论：

随具体情境而变，依具体情况而定

定律阐释

任何系统的内在要素和外部环境条件都各不相同，不存在适用于任何情景的原则和方法，关键是采取依势而行的应变策略。

计划没有变化快

在竞争中，我们总喜欢说不要打无准备之仗，事前一定要做好计划和安排。计划代表了目标，代表了充实，代表了憧憬，代表了一种对自己的承诺，因为计划会让我们知道下一步该做什么。

然而，“一切尽在掌握之中”固然是好，但我们也无法排除计划外的可能，正所谓“计划没有变化快”。

东汉末年，曹操征伐张绣。有一天，曹军突然退兵而去。

张绣非常高兴，立刻带兵追击曹操。这时他的谋士贾诩建议道："不要去追，追的话肯定要吃败仗。"张绣觉得贾诩的意见很好笑，根本不予采纳，便领兵去与曹军交战，结果大败而归。

谁料，贾诩见张绣败仗回来，反而劝张绣赶快再去追击。张绣心有余悸又满脸疑惑地问："先前没有采用您的意见，以至于到这种地步。如今已经失败，怎么又要追呢？""战斗形势起了变化，赶紧追击必能得胜。"贾诩答道。由于一开始败仗的教训，张绣这次听从了贾翊的意见，连忙聚集败兵前去追击。果然如贾诩所言，这次张绣大胜而归。

回来后，张绣好奇地问贾诩："我先用精兵追赶撤退的曹军，而您说肯定要失败；我败退后用败兵去袭击刚打了胜仗的曹军，而您说必定取胜。事实完全像您所预言的，为什么会精兵失败，败兵得胜呢？"

贾诩立刻答道："很简单，您虽然善于用兵，但不是曹操的对手。曹军刚撤退时，曹操必亲自压阵，我们追兵即使精锐，但仍不是曹军的对手，故被打败。曹操先前在进攻您的时候没有发生任何差错，却突然退兵了，肯定是国内发生了什么事，打败您的追兵后，必然是轻装快速前进，仅留下

一些将领在后面掩护，但他们根本不是您的对手，所以您用败兵也能打胜他们。”

张绣听了，十分佩服贾诩的智慧。

在这次战役中，局势变幻无常，而这些无常却决定了最终的胜与败。现实的竞争世界亦是如此，事情的发展都具有一定的未知因素。

贾诩那番充满智慧的话，实际就是论述了“因机而立胜”的权变战略思想。这种理论告诉我们，组织是社会大系统中的一个开放型的子系统，是受环境影响的，我们必须根据组织的处境和作用采取相应的措施，才能保持对环境的最佳适应能力。

在激烈的竞争中，不要执着于某种外在的形式，不要完全拘泥于事先的精心计划，在事情发展过程中的计划外因素往往更加具有影响力。

以变应变，才能**赢得精彩**

毫不夸张地说，我们已经进入了竞争时代，一切都充满了变数。就拿大家熟悉的股市来说，几秒钟内的上下颠覆，可能把你送上云端，也可能把你推入地狱。对此，一定要树立权变的思想，善变才能赢。

《猫和老鼠》的经典动画片大家应该记忆犹新。为什么每次杰瑞总能逃过汤姆的利爪，还让汤姆吃尽了苦头？汤姆即使绞尽脑汁、费尽力气，为何最终仍然一无所获？这一切都是因为，

杰瑞对汤姆的一举一动，甚至一个呼吸、一个喷嚏、一个微笑的变化，都有不同的应对手段。

在商业竞争中，善变的思想同样必要。

中国布鞋曾一度在秘鲁打开销售大门，当地一家公司每月可销售中国布鞋 6 万多双。

不料，秘鲁当局颁布了一项法令：禁止纺织品和鞋子进口。这一突如其来的变化，使中国布鞋在秘鲁的销售大门被关闭了。

陷入困境的中国商人并没有坐以待毙，经过分析，他们发现秘鲁并没有禁止进口制鞋设备及布鞋面。于是他们转变策略，决定出口制鞋设备和布鞋面，在秘鲁当地加工布鞋。布鞋面既不算成品布鞋，也不属于纺织品，不受禁令制约。

后来，中国布鞋又重新在秘鲁占有了一定的市场份额。

如《孙子兵法》所言："夫兵形象水，水之形，避高而趋下；兵之形，避实而击虚。水因地而制流，兵因敌而制胜。故兵无常势，水无常形，能因敌变化而取胜者谓之神。"意思是用兵打仗，好像地下的流水那样没有固定刻板的规律，没有一成不变的打法，能采取敌变我变而取胜的，就叫用兵如神了。

善变之道在于灵敏地做出应变决策，抢占先机。没有这种能力，一个公司就会陷于故步自封的境地，一个人就会陷入墨守成规的怪圈。

竞争世界如同一只变色龙，变化的发生有时是没有什么明显的先兆的，我们往往也无法预知，"翻手为云，覆手为雨"，常常让我们措手不及。因此，每走一步棋，我们既要紧跟时机，又要学会思考，以变应变，才能赢得精彩。

定律69

达维多定律：

及时淘汰，不断创新

定律阐释

竞争就是要创造或抢占先机，“先入为主”是一条绝对的真理，要保持第一，就必须时刻超越自己。

做第一个吃螃蟹的人

不难看出，达维多定律为我们揭示了如何在竞争中取得成功的真谛。这也正是诸多成功实例所验证的——要做第一个吃螃蟹的人。

日本企业界知名人士曾提出过这样一个口号：“做别人不做的事情。”瑞典有位精明的商人开办了一家“填空档公司”，专门生产、销售在市场上断档脱销的商品，做独门生意。德国有一个“怪缺商店”，经营的商品在市场上很难买到，例如大个手指头的手套、缺一只袖子的上衣、驼背者需要的睡衣，等等。

因为是填空档，一段时间内就不会有竞争对手。

其实，即使在人们熟知的行业里，仍然会有许多的创新点，关键是你要能够察觉得到。

有段时间，国外很多啤酒商发现，要想打开比利时首都布鲁塞尔的市场非常困难，于是就有人向畅销比利时国内的某名牌酒厂家取经。这家叫“哈罗”的啤酒厂位于布鲁塞尔东郊，无论是厂房建筑还是车间生产设备都没有很特别的地方。但该厂的销售总监林达是轰动欧洲的策划人员，由他策划的啤酒文化节曾经在欧洲多个国家盛行。当有人问林达是怎么做哈罗啤酒的销售时，他显得非常得意且自信。林达说，自己和哈罗啤酒的成长经历一样，从默默无闻开始到轰动半个世界。

林达刚到这个厂时是个还不满 25 岁的小伙子，那时候他有些发愁自己找不到对象，因为他相貌平平且贫穷。但他还是看上了厂里一个很优秀的女孩，当他在情人节给她偷偷地送花时，那个女孩伤害了他，她说：“我不会看上一个普通得像你这样的男人。”于是林达决定做些不普通的事情。但什么是不普通的事情，林达还没有仔细想过。

那时的哈罗啤酒厂正一年一年地减产，因为销售不景气而没有钱在电视或者报纸上做广告，这样便开始恶性循环。做销售员的林达多次建议厂长到电视台做一次演讲或者广告，都被厂长拒绝。林达决定冒险做自己想要做的事情，于是他贷款承包了厂里的销售工作，正当他为怎样去做一个最省钱的广告而发愁时，他徘徊到了布鲁塞尔市中心的于连广场。这天正是感恩节，虽然已是深夜了，广场上还有很多狂欢的人们，广场中心“撒尿的男孩”铜像就是为了纪念因挽救城市而闻名于世的小英雄于连。当然，铜像撒出的“尿”是自来水。广场上一群调皮的孩子用自己喝空的矿泉水瓶子去接铜像里“尿”出的自来水来泼洒对方。他们的调皮启发了林达的灵感。

第二天，路过广场的人们发现于连的“尿”变成了色泽金黄、泡沫泛起的哈罗啤酒。竖立在铜像旁边的大广告牌子上写着“哈罗啤酒免费品尝”的字样。一传十，十传百，全市老百姓都从家里拿着自己的瓶子、杯子排成长队去接啤酒喝。电视台、报纸、广播电台争相报道，林达不掏一分钱就把哈罗啤酒的广告成功地做上了电视和报纸。该年度哈罗啤酒的销售量跃升至去年的1.8倍。

林达成了闻名布鲁塞尔的销售专家，这就是他的经验：做别人没有做过的事情。

不得不承认，如果只懂得沿着别人的路走，即使能取得一点儿进步，也不易超越他人；只有做别人没有做过的事情，创造一条属于自己的路，才有可能把他人甩在你身后。

万事源于想，**创新从转变思维开始**

一个犹太商人用价值50万美元的股票和债券做抵押向纽约一家银行申请1美元的贷款。乍一看，似乎让人不可思议，但看完之后才发现，原来那位犹太商人申请1美元贷款的真正目的是为了让银行替他保存巨额的股票与债券。按照常规，像有

价证券等贵重物品应存放在银行金库的保险柜中，但是犹太商人却悖于常理通过抵押贷款的办法轻松地解决了问题，为此他省去了昂贵的保险柜租金，而每年只需要付出6美分的贷款利息。

这位犹太商人的聪明才智实在令人折服。其实，我们身上也蕴藏着创新的禀赋，但我们总是漠视自己的潜能，你的思维已经习惯了循规蹈矩。只要你愿意改变一下自己的思维方式，多进行一些发散思维和逆向思维，激活自己的创新因子，你周围的一切都有可能成为你创新思维的对象。

众所周知，闹钟在传统上的作用只是“催醒”。然而，英国一家钟表公司在此基础上，又增添了一种与此矛盾的“催眠”功能。这种“催眠闹钟”既能发出悦耳动听的圣诗合唱和鸟语声，催人醒来；又能发出柔和舒适的海浪轻轻拍岩声和江河缓缓流水声，催人入眠。使用者可以各取所需，这种新颖独特的闹钟深得失眠者的宠爱。

在竞争过程中，很多人被对手“吃掉”，其重要原因往往是遇事先考虑大家都怎么干、大家都怎么说，不敢突破人云亦云的求同思维方式。讨论一件事情时，总喜欢一致同意、全体通过，这种观念的后面常常隐藏着从众定式的盲目性，不利于个人独立思考，不利于独辟蹊径，常常会约束人的创新意识。如果一味地考虑多数，个人就不愿开动脑筋，事业也就不可能获得成功。

一位成功的企业家说：“一项新事业，在十个人当中，有一两个人赞成就可以开始了；有五个人赞成时，就已经迟了一步；如果有七八个人赞成，那就太晚了。”

定律70

儒佛尔定律：

有效预测，才能英明决策

定律阐释

进行有效的预测是做出英明决策的前提，没有之前的预测，就不会有决策时的轻松。该定律由法国未来学家儒佛尔提出，强调预测活动的重要性。

预测有效才能决策英明

在做任何事之前，你都要面对选择和判断。人生就是在不断地选择和判断中度过的。如果你选择了正确的道路，那么你的人生可能会一帆风顺、飞黄腾达；如果判断失误而入了歧途，那么你这一生可能就只能与噩梦相伴。选择和判断，对于你的人生就是这么重要。

如何才能做好选择和判断呢？特别是在这个信息爆炸的时代，各种各样的道路、方向、方式、经验、指导放在你的面前，经常让人不知所措，只有选择好了、判断好了，才会好的结果。所以，在众多信息中遴选出适合自己的信息，这个环节就显得非常重要。如何才能“众里寻他”一下命中呢？这就需要极强的预测能力。在这个极具机遇性的商业社会里，预测能力尤为重要。往往一个不起眼的信息，就能给你带来极大的灵感，抓住了这个商机，你就可能一夜暴富。所以，有效的预测对于一个竞争者来说，是最重要的能力。

市场变化多端，信息浩渺如洋，如何从这信息的汪洋大海中捞出属于自己的商机？只有靠预测！一个成功的企业家能从繁复的信息中预测出未来市场的走向，并马上将其转化为决策的行动。信息也有价值，只要你利用得好，转眼间就能将其变成大把的钞票。竞争者在决策之前，都要对市场的形势做一下评估和预测，运筹帷幄才能旗开得胜。如果对市场的一切都不熟悉，不提前做出一个精确的预测就妄下决定，那么肯定会在商战中死得很惨。商场如战场，竞争的残酷性让决策者一步也不能走错。

精明的预测是成功决策的前提，所以一个企业要发展，要提高经济效益，决策者就必须对国内外经济态势和市场要求有所了解，对与生产流通有关的各个环节非常熟悉，掌握各方面的最新最可靠的信息，找出最有利于企业发展的信息加以利用，这样才能使企业时刻走在时代的前沿，跟得上时代的发展。

在这个竞争如此激烈的市场中，决策者必须要有敏锐的眼光，做到审时度势，这样才能在企业之林中立于不败之地。

当然，预测离不开知识和经验，是在知识、经验的基础上做出来的。而决策又是在预测的基础上做出来的。所以，竞争者不能没有知识、没有经验，更不能没有预测能力。

对自己的未来，对形势的发展，对市场的变化，都要有先见之明，这样才能成为一个容易获得胜算的竞争者。没有有效的预测，就不会有英明的决策，这个道理放在哪里都适用。

善于预测，**成就霸业**

只有善于预测的人，才能做出成功的决策，决策的成功便预示着事业的辉煌。

作为当今的竞争者，更要有洞察古今、预测未来的能力，要不然你只能等待着失败向你招手。现今香港的首富李嘉诚就是个很有预测能力的人。可以说，他能发家和他当年对市场做出正确的判断是分不开的。

20 世纪 50 年代，初次创业的李嘉诚创办了名为“长江塑胶厂”的塑料玩具生产工厂。结果当时玩具市场已经饱和，工厂面临倒闭。就在李嘉诚一筹莫展的时候，他偶然在一份报纸上看到了一条消息，说当地一家小塑料厂将要制作塑胶花销往欧洲。看到这个消息，李嘉诚骤然眼前一亮，马上想到了二战以来，欧美生活水平虽有所提高，但经济上却还没有种植草皮和鲜花的实力，因此塑胶花必定会成为很好的替代品，被他们大量使用于装饰各种场合。这是个很大的需求市场，也是个很好的商机。于是李嘉诚马上决定企业转产生产塑胶花，而正是这些塑胶花，成就了今天的李嘉诚。

试想，如果当时李嘉诚没有看到这条信息，或者看到后也没有意识到信息背后隐藏的巨大商机，那还会有今天的李嘉诚吗？这确实很难说。只能说是这条信息造就了他，是他自己的预测能力成就了他。

所以说，我们不要羡慕别人的成功，要看到别人的优点，学习别人的优点。预测能力是成功者必备的能力，无论是对生活还是对事业。只有拥有很强的预测能力，才能干出一番事业，成就你的霸业。

定律71

费斯法则：步步为营，方可百战百胜

定律阐释

费斯法则，由美国管理学家费斯提出，其核心是：在没有得到新的以前不要放弃已有的。换而言之，攥紧到手的，再想以后的；在没有拿到第二个以前，千万别先扔掉第一个。这是一种人生态度，也是一种战略措施。

不放弃，抓紧到手的利益

在生活中，有很多人为了那虚无的下一站幸福，而抛弃了已经拥有的快乐；或为了更上一层楼，而赌上现有的身家性命，结果最终落得个身败名裂。所以，老人常说，拿到手里的才是自己的，守好了再去找别的。不要为了那不可预测的未来，赌上你现在所拥有的，不值得，也不明智。

作为一位竞争者，千万不要急功近利、好高骛远，以为前方是天上掉下的馅饼，拼了命也要抢了来，却不知那往往是天大的陷阱；没有看到自己已经拥有的东西和自己的优势，一味地以为别人拥有的更好，却不知这样会输得更惨。这就像一个女人，不知道自己的魅力在哪里，为了和别人争抢同一个男人，而一味地改变自己，到最后既失去了那个男人，也失去了自己和喜欢自己的人。无论是做人还是做事，都要求稳，不要轻易地做决定，要三思而后行，更不要为了还未到手的东西放弃自己已经拥有的。

现在似乎有一种流行病，就是浮躁，许多人总想一夜成名、一夜暴富。比如投资赚钱，不是先从小生意做起，慢慢积累资金和经验，再把生意做大，而是如赌徒一般，借钱做大投资、大生意，结果往往惨败。网络经济一度充满了泡沫，有人并没有认真研究市场，也没有认真考虑它的巨大风险性，只觉得这是一个发财成名的“大馅饼”，一口吞下去，最后没撑多久，草草收场，白白“烧”掉了许多钞票。

俗话说得好，“滚石不生苔”，坚持不懈的乌龟能快过灵巧敏捷的野兔。如果能每天学习 1 小时，并坚持 12 年，所学到的东西一定远比坐在教室里接受 4 年高等教育所学到的多。正如布尔沃所说：“恒心与忍耐力是征服者的灵魂，它是人类反抗命运、个人反抗世界、灵魂反抗物质的最有力支持，它也是福音书的精髓。从社会的角度看，考虑到它对种族问题和社会制度的影响，其重要性无论怎样强调也不为过。”

凡事不能持之以恒，正是很多人失败的根源。所以，培养不放弃的习惯对一个竞争者尤为重要。下面的一些步骤应该对培养你的恒心有一定的帮助。

第一，合理的计划是你坚持下去的动力。如果没计划，东一榔头西一锤子，是做不好工作的。设计合理的计划表，不仅可以理顺工作的轻重缓急，提高效率，而且可以在无形之中督促自己努力工作，按时或超额完成计划。

制订可行的工作计划和执行计划时要注意，也许你愿意用硬性的东西约束自己，或希望有充分的灵活性，甚至等自己有了灵感的时候才动工。可是万一你正好没有灵感，整个礼拜都没兴致工作的话，怎么办呢？这样下去，你就可能失去坚持下去的耐心，对自己的创造能力产生怀疑。

至少开始的时候，你可以为自己安排一段单独的时间，试验自己的专长。按照进度，循序渐进，将使你做更多的工作——如果你想出类拔萃的话。如果你给自己安排的进度并不过分，可是你还是抗拒它的话，譬如找借口拖延工作进度，那么你就得研究一下自己的动机了。

计划的制订，将迫使你自问这个严酷的问题：我真的想做这件事吗？即使进行得不太顺利，我还是按部就班地做吗？如果答案是“是”，那么你是真的想得到成功，合理的计划表可以帮助你坚持下去。

第二，拥有越挫越勇的劲头。有的失败会转眼被我们忘记，有些挫折却会给我们留下深深的伤痛。但是，无论如何，我们都不应该因为挫折而停止前进的步伐，每个人都必须为目标奋斗。如果你不继续为一个目标奋斗，你不仅会失去信心，还会逐渐忘记自己有个目标；如果你不再继续坚持的话，就会开始怀疑自己是否能成功地实现计划所定的目标。

有时你也许会因为目前完不成一个小的目标，而改做其他的尝试，这种随便的做法是一种变相的放弃。千万不要拿困难做借口，改做另一个计划。

第三，既然有计划，就要实现它。当你坚持完成计划的要求，实现成功的目标后，你会更加坚定地做完以后的工作，这对培养你的不轻言放弃的习惯会有很大的帮助。不把事情做完的话，你会觉得自己像个没有志气的懒虫；以后如果你不敢肯定是不是能把工作完成的话，就很难再开始做一件新的事情。这是非常重要的一点。因为从事的工作可以只花几个小时，也可能花许多年工夫，不管花多少时间，你都得面临这个问题：是完成这件工作呢，还是放弃它？你最好从开始就搞清楚，自己是不是真的想完成它，如果不是，你何必花这些心力呢？

如果你是某一领域的专业人员，你的成功目标就是成为这一领域的翘楚，那么就不能单是把计划完成，你必须把作品展示出来，接受别人的批评。不要把你的小说只给一家出版社看，如果这一家不接受的话，就全盘放弃；你必须再接再厉，给很多家出版社看，一定要给自己的作品充分的展示机会。

如果你为了完成这个计划已经付出了很多，那就坚持下去，也许最艰难的时候，就是离成功最近的时候。

作为竞争者，一定要先巩固到手的利益，再开拓新的市场。不能像狗熊掰棒子一样，掰一个扔一个，到最后什么也没得到；也不要在对手的攻击下就乱了分寸，慌了手脚，做出一些贸然的举措和决策。无论何时，无论何种情形之下，抓紧到手的利益才是上策。

切莫“怜新弃旧”

“怜新弃旧”出自《东周列国志》，讲的是为了新欢抛弃旧爱。放到商场上，就是指为了新的利益而放弃已经拥有的利益，或者为了开拓新的市场而放弃原有的客户。这些都是不明智的行为，不是一个精明的决策者应该有的想法。如果想把企业越做越大，就要一步一步来，在原有的基础上发展，而不是为了捉天上的蝴蝶就放弃到手的鲜鱼。

一口吃不出个胖子来，一步也登不了天，不要想一夜暴富，而要稳扎稳打，在竞争起步阶段是这样，在竞争发展阶段也是这样。要一个项目一个项目地做，一个单子一个单子地签，不要好高骛远，只想着要去摘那天上的星星，而忘了拿在手里的馍馍。先把手头的工作做好，再做下一步；先把到手的买卖做好，再去接下一个。先巩固已经占有的市场，再去开发新的。没有绝对的把握，千万不要丢掉手里的，去追求那未知的。

明智的竞争者要懂得坚守，就是不要随便放弃已有的利益。市场在不断的变化之中，竞争对手的行为不是都能预测的，消费者的行为也充满了不确定性和非逻辑性。要想在竞争中立于不败之地，就要做到在拿到新的东西之前，千万别放掉你手中的东西，尤其是手中的东西对你来说很重要时更应该如此。要知道有很多聪明人正在等着机会打败你，等着捡你手中的宝呢。

要珍惜自己拥有的，不要轻易地为了看似更美好的东西就放弃了手里的东西。最愚蠢的人莫过于还没有拿到新东西，就放弃已到手的宝贝。

定律72

史密斯原则：

竞争中前进，合作中获利

定律阐释

史密斯原则，是美国通用汽车公司前董事长约翰·史密斯提出的一条著名的策略型原则，即在商场上，没有永远的敌人，只有永远的利益。如果你不能打败你的竞争对手，那么就与他们合作。

学会与敌人合作

竞争，不单单意味着“你死我活”的争斗，也存在着“你为我用，我为你用”的合作。螳臂不能挡车，鸟卵不能击石，如果不能战胜对手，与其自寻死路，不如加入到他们之中去，学会与你的对手合作，达到一种双赢的效果。

从前，有一个农夫靠种地为生。一日，他见自己的农田旁边长有三丛灌木，越看越不顺眼。他认为这些灌木毫无用处，而且还妨碍他种地，于是他决定把这些灌木砍掉当柴烧。可他并不知道，每丛灌木中都住着一群蜜蜂，如果他把灌木砍了，蜜蜂们就无家可归了。因此，在农夫砍第一丛灌木时，里面的蜜蜂出来苦苦哀求："亲爱的农夫，您把灌木砍了也得不到多少柴火，请您行行好，就看在我们为您传播花粉的分上，不要砍这丛灌木了！"农夫看看这些令他讨厌的灌木，摇摇头说："即使没有你们，也会有别的蜜蜂为我传播花粉的。"说着，抡起手中的斧头把第一丛灌木砍掉了。

第二天，农夫又来到农田边要砍第二丛灌木。突然，一大群蜜蜂飞了出来，对农夫嗡嗡叫道："可恶的农夫，你胆敢破坏我们的家园，我们就蜇死你！"说着，就朝农夫脸上蜇去。农夫的脸上立即出现了几个大包，又疼又痒。农夫一下怒不可遏，一把火烧了第二丛灌木。

第三天，当农夫正要砍第三丛灌木的时候，住在里面的那群蜜蜂的蜂王飞了出来，对农夫说："睿智的农夫啊，您难道真的要砍掉这些灌木吗？难道您没有意识到它会给您带来多少好处吗？我们蜂窝每年产出的蜂蜜和蜂王浆够您一年的吃喝；而这丛灌木质地细腻，养大了也准能卖个好价钱。"听了蜂王的话，农夫举着斧头的手慢慢放了下来。他觉得蜂王言之有理，决定和蜜蜂合作，做蜂蜜的生意。

就这样，第三群蜜蜂保住了自己的家园，靠的不是恳求和对抗，而是与对手合作。天下熙熙皆为利来，天下攘攘皆为利往，没有永远的敌人，只有永远的利益。农夫砍灌木是为了自己的利益，蜜蜂用更大的利益打动了农夫，用合作的方式留住了自

己的家园。

当你的力量比对手弱时，恳求是不能引起同情的，反而会让对手更加瞧不起你，更想早些把你除掉；硬碰硬地对抗，敌我悬殊太大，只能是自取灭亡。这时只有智取，与对手合作，用利益打动他，达到双赢的目的。当然，要想让强大的对手与不起眼的你合作，你就必须让对手看到与你合作的利益会大大超过不合作，这样才能让对手下定决心与你合作，而不是与你为敌；而对于力量相对弱小的你来说，与强大的对手合作只有利而没有弊。不要以为是对手，就一定要摆出势不两立的派头，其实在利益的追逐中，今天的敌人也许就是明天的伙伴。

在商场上也是如此，要学会与自己的对手合作，在竞争中求进步，在合作中获利益。

竞争合作求双赢

竞争与合作从来都不是对立的，它们是相互依存的，与竞争对手合作，与合作伙伴良性竞争，在竞争、合作中互相学习、共同进步。一切以更好的发展为目的，无所谓敌人朋友，只要存在共同的利益，都可以一起合作达到共赢。

你可能不敢相信，为了能养出更好的羊，牧场主甚至可以和狼合作。

有一个牧场主养了许多羊。因为他的牧场所在的地方有狼，所以他的羊群总是受到狼的袭击。今天死两只，明天死两只，渐渐地，羊群的数量越来越少。牧场主为此非常生气，对狼更是恨之入骨。有一天，又有几只羊被狼咬死了。牧场主再也忍受不了了，就花钱请了几位厉害的猎人把附近的狼全都消灭了。他想，这下可以高枕无忧了。但结果却让他大吃一惊。没有狼后，羊变得很懒散，吃吃睡睡，生活很舒适，可它们的肉质变差了，销路大大不如以前。牧场主想不通这是为什么，现在他的羊越来越多了，却因为羊肉卖不上价，赚的钱还不如以前有狼的时候多。带着疑问，他去咨询了专家。原来，这都是他自己闯的祸。他把狼给消灭了，羊没有了天敌追赶，也懒得跑动，这样羊肉的质量就会下降，自然影响价格；而且没有了狼，羊的繁殖越来越快，对当地的草场也不好，如果草场破坏过大，牧场主还得花大价钱修复草场，这更不划算。专家的建议是，请狼回来，与狼共处。牧场主没有办法，只好从别的地方买了几只狼回来，将信将疑地等待结果。不出专家所料，狼回来后，羊的肉质上去了，草场也得到了应有的保护。牧场主终于明白了，狼不只是他的敌人，还可以是他的朋友、他的合作伙伴。

无独有偶，还有一个类似的故事，讲的是牧场主与猎户做朋友的故事。

一个养了许多羊的牧场主，和一个养了一群凶猛猎狗的猎户成了邻居。结果，那些猎狗经常跳过两家之间的栅栏，袭击牧场里的小羊羔。每次遇到这种事情，牧场主都只好去请猎户把猎狗关好，但猎户从来不以为意，只是口头上答应，从未有过行动，猎狗咬死、咬伤小羊的事依然经常发生。终于，牧场主忍无可忍，到镇上去找法官评理。法官听了他的控诉后，说了这么一段话："我可以处罚那个猎户，也可以发布法令让他把猎狗锁起来，但这样一来你就失去了一个朋友，多了一个敌人。你是愿意和敌人做邻居，还是愿意和朋友做邻居？"牧场主想也没想就说："当然是愿意和朋友做邻居了。"听了他的话，法官接着说："那好，我给你出个主意，按我说的去做，不但可以保证你的羊群不再受骚扰，还会为你赢得一个友好的邻居。"仔细听了法官的主意，牧场主回到家中就照着做了。他从自己的羊群中挑了三只最可爱的小羊羔，送给猎户的三个儿子。猎户的儿子们看到洁白温顺的小羊羔，如获至宝，每天放学都要在院子里和小羊羔玩耍嬉戏。为了防止猎狗伤害儿子们的小羊，猎户专门做了一个大铁笼，把狗结结实实地锁了起来。为了答谢牧场主的好意，猎户开始经常送些野味给他，而牧场主也不时用羊肉和奶酪回赠猎户。而且因为这些猎狗的存在，从没有人敢来偷牧场主的羊，也没有其他动物敢来牧场捣乱。从此，牧场主的羊再也没有受到骚扰，他与猎户还成了朋友。

足见，化敌为友，不是对立而是合作，用友好的方式达到最终的目的是再好不过了。下过跳棋的人都知道，六个人各霸一方，互相是竞争对手，又必须是合作伙伴。因为如果你想到达你的目的地，就必须得利用别人搭的桥，只有大家互相搭桥合作，才能最快地到达目的地。

如果我们只讲求合作，放弃竞争，一味地为别人搭桥铺路，那别人就会先到达目的地，而自己只有等待失败收场；相反，如果我们只注意竞争，而忽视合作，一心只想拆别人的路，反而会延误自己的正事，自己依然无法获胜。所以，要在竞争中合作，在合作中竞争，求得双赢。

定律73

罗杰斯论断：

未雨绸缪，主宰命运

定律阐释

罗杰斯论断，由美国IBM公司前总裁罗杰斯提出，指成功的公司不会等待外界的影响来决定自己的命运，而是始终向前看。强调竞争中的忧患意识，未雨绸缪、居安思危的人才能应对一切突发事件，把握自己命运的方向。

未雨绸缪，**有备无患**

对待问题的态度应该像对待疾病的态度一样，在身体有些不适的时候，就要及时治疗，以免病情发展得更为严重，甚至无法医治。对问题也是这样，及早地预见问题，将其消灭于萌芽状态，才能有效地解决问题。

真正精明的人对自己所处的环境总是富有洞察力，一旦察觉到对自己不利的势力，在刚看出端倪时就会出手打压，将其扼杀在摇篮之中。否则，坐视其发展壮大到和自己旗鼓相当，甚至强于自己时，就一切都来不及了。

在生活中，学会未雨绸缪、防微杜渐，将一切不利的因素消除在萌芽状态，将自己的危险降到最低，无疑是明智之举。

未雨绸缪、防微杜渐是人生的智慧。在竞争之中，常常强调“冬天”的人，日子未必艰难；一直浸润在“春天”里的人，“冬天”或许会提前到来。

微软公司创始人比尔·盖茨常说：“微软离破产永远只有18个月。”居安思危是审时度势的理性思考，是在超前意识前提下的反思，是不敢懈怠、兢兢业业、勇于进取的积极心态。

世界著名的信息产业巨子、英特尔公司的前总裁安迪·葛罗夫，在功成身退之后回顾自己创业的历史，曾深有感触地说：“只有那些危机感、恐惧感强烈的人，才能够生存下去。”

英特尔成立时，葛罗夫在研发部门工作。1979年，葛罗夫出任公司总裁，刚一上任他立即发动攻势，声称在一年内从摩托罗拉公司手中抢夺2000个客户，结果英特尔最后赢得了2500个客户，超额完成任务。此项攻势源于其强烈的危机意识，他总担心英特尔的市场会被其他企业占领。1982年，由于美国经济形势

恶化，公司发展趋缓，他推出了“125％的解决方案”，要求雇员必须发挥更高的效率，以战胜咄咄逼人的日本企业。他时刻担心，日本已经超过了美国。在销售会议上，身材矮小、其貌不扬的葛罗夫用拖长的声调说：“英特尔是美国电子业迎战日本电子业的最后希望所在。”

危机意识渗透到安迪·葛罗夫经营管理的每个细节中。1985 年的一天，葛罗夫与公司董事长兼 CEO 摩尔讨论公司目前的困境。他问：“假如我们下台了，另选一位新总裁，你认为他会采取什么行动？”摩尔犹豫了一下，答道：“他会放弃存储器业务。”葛罗夫说：“那我们为什么不自己动手？”1986 年，葛罗夫为公司提出了新的口号——“英特尔，微处理器公司”，帮英特尔顺利地走出了这一困境。其实，这皆源于他的危机意识。

1992 年，英特尔成为世界上最大的半导体企业。此时英特尔已不仅仅是微处理器厂商，而是整个计算机产业的领导者。1994 年，一个小小的芯片缺陷，将葛罗夫再次置于生死关头。12 月 12 日，IBM 宣布停止发售所有奔腾芯片的计算机。预期的成功变成泡影，一切变得不可捉摸，雇员心神不宁。12 月 19 日，葛罗夫决定改变方针，更换所有芯片，并改进芯片设计。最终，公司耗费相当于奔腾 5 年广告费用的巨资完成了这一工作。英特尔“活”了下来，而且更加生气勃勃，是葛罗夫的性格和他的危机意识再次挽救了公司。

在葛罗夫的带领下，英特尔把利润中非常大的部分花在研发上。葛罗夫那句“只有恐惧感、危机感强烈的人，才能生存下去”的名言已成为英特尔企业文化的象征。

居安思危方可安身，贪图安逸则会亡身。只有如葛罗夫那样充满危机意识，我们才能在激烈的竞争中保持不败的境地。每一个竞争者都要把葛罗夫的例子装在心中，将“永远让自己处于危机与恐惧中”记在心中。只有时时提醒自己不断进步，才能在竞争激烈的环境中生存下来，开创出属于自己的艳阳天。

在实践探索中**培养预见力**

未来是不确定的，计划在不确定因素面前无能为力，所以你必须随机应变，前提是你必须拥有确定的目标和长远的计划。

我们很容易被眼前的利益蒙蔽双眼，从而忽视潜伏于远方的危险，在不知不觉中失败。因此，我们一定要高瞻远瞩，培养自己预见未来的能力。

胜利的果实的确诱人，但远方隐约浮现的灾难更加可怕。因此，不要只想着胜利，还要想到潜在的危险，这种危险有可能是致命的。不要因为眼前的利益而毁了自己。被欲望蒙蔽双眼的人，他们的目标往往不切实际，会随着周围状况的改变而改变。

我们应时刻保持清醒的头脑，根据变化随时调整自己的计划。世事变幻莫测，我们必须具有一定的预见未来的能力，过分苛求一项计划是不明智的，实现目标可以有多种途径，不要抓住一个不放。

预见未来的能力是可以通过实践探索慢慢培养的。要有明确的目标，但必须实事求是地对客观现状进行分析评估；计划要周密，模糊的计划只能让你在麻烦中越陷越深。

定律74

期望定律：

寄予什么样的期望，培养什么样的孩子

定律阐释

期望定律，指当我们对某些人或事物寄予积极的期望时，这些人或事物就会朝着我们所期望的好方向发展；当我们对某些人或事物寄予消极的期望时，这些人或事物就会朝着我们所期望的坏方向发展。

被寄予期望的人**更容易成功**

身为父母，当孩子考试成绩不好时，你是否气愤地责骂过他“笨蛋”“傻瓜”？当孩子不听话淘气时，你是否生气地训斥过他“没出息”“没素质”？当孩子没达到你为他制定的目标时，你是否很失望地唠叨“你什么时候能给我们争口气呢”？如果这些你都做过，那你可要检讨了。其实每个孩子都可能是天才，关键在于你对他寄予何等的期望。

1968 年的某一天，美国著名心理学家罗森塔尔和雅各布森来到一所小学，说是要进行一个试验。他们从 1 ～ 6 年级中各选 3 个班，在这 18 个班的学生中进行了一次煞有介事的“未来发展趋势测验”。测验结束之后，他们给每个班级的教师发了一份学生名单，并且告诉教师，根据测验的结果，名单上列出的学生是班上最优异、最有发展可能的学生。出乎很多教师的意料，名单中的孩子有些确实很优秀，但有些孩子平时表现平平，甚至水平较差。对此，罗森塔尔解释说:“请注意，我讲的是他们的发展，而非现在的情况。”鉴于罗森塔尔是这方面的专家，教师们从内心接受了这份名单。尔后，罗森塔尔又反复叮嘱教师不要把名单外传，只准教师自己知道，声称不这样的话会影响实验结果的可靠性。8 个月后，罗森塔尔和雅各布森又来到这所学校，并对 18 个班的学生进行了复试，奇迹出现了：他们提供的名单上的学生的成绩都有了显著进步，而且性格更为开朗，求知欲望强，敢于发表意见，与教师关系融洽，而且更乐于与别人打交道。

这就是罗森塔尔和雅各布森进行的一次期望心理实验。其实他们提供的名单是随意挑选的，罗森塔尔根本不了解那些学生，也没有考虑学生的知识水平和智力水平，他撒了一个“权威性的谎言”。

不过，这个谎言成真了，为什么呢？这是因为罗森塔尔是著名的心理学家，在人们的心目中有很高的权威，人们对他的话深信不疑。因此，教师们认为名单上的学生很有发展的潜能，因而寄予了他们更大的期望。虽然教师们始终保守着这张名单的秘密，但在上课时他们还是忍不住给予这些学生充分的关注，通过眼神、笑容、音调等各种途径向他们传达“你很优秀”的信息。这些学生也感受到了这种期望，他们潜移默化地受到影响，变得更加自信、自爱、自尊、自强，变得更加幸福和快乐，奋发向上的激流在他们的血管中奔涌，结果真的取得了很好的成绩，成了优秀的学生。

可见，期望是人类的一种普遍的心理现象，在教育过程中，期望定律常常可以发挥强大而神奇的威力。

向孩子传递**积极的期望**

通过罗森塔尔的实验，我们明白了，期望在孩子的成长过程中起着巨大的作用。中国有句俗话：“说你行，你就行；说你不行，你就不行。”要想使孩子发展得更好，就应该给他传递积极的期望。

相信很多家长都希望自己的孩子取得像爱迪生那样的成就。可是要知道，爱迪生之所以能成才，在很大程度上也是靠家长鼓励的。

爱迪生小时候仅仅上了 3 个月小学就被开除了，因为学校认为他“智力低下”。但爱迪生的母亲对自己的孩子很有信心，她对爱迪生说：“你比别人聪明，这一点我是坚信不疑的，所以你要坚持好好读书。”爱迪生得到了母亲的鼓励，在母亲的教导下，学到了比一般孩子在学校里所学多得多的知识，经过不懈努力，终于成为伟大的发明家。

因此，可以毫不夸张地说，我们今天所享受的电灯、电影、

录音机等都受惠于爱迪生的发明，归根结底归功于爱迪生母亲的期望效应。

正如积极的期望可以很好地激励孩子一样，消极的期望也可以重重地打击孩子。有人曾对少年犯罪做了专门的研究，结果发现，许多孩子成为少年犯的原因之一，就在于不良期望的影响。许多孩子因为在小时候偶尔犯过错误而被贴上了“不良少年”的标签，这种消极的期望引导着孩子们，使他们越来越相信自己就是“不良少年”，最终走向犯罪的深渊。由此可见，在教师和家长对孩子的教育中，消极的心理期望对孩子的成长影响多么大。

人民教育家陶行知曾提醒教师：“在你的教鞭下有瓦特，在你的冷眼里有牛顿，在你的讥笑中有爱迪生。”所以，在家庭教育过程中，我们不妨让孩子经常从父母的教育态度中感受到父母的心理预期，得到父母的尊重，他们就会保持一种积极向上的力量；反之，如果我们过低地估计了孩子的能力，放弃对他们的期望，断定孩子这也不行，那也不好，将来不会有出息，那可真要耽误孩子终生了。换言之，只有你期望孩子成为一个什么样的人，孩子才可能成为一个什么样的人。

定律75

厚脸皮定律：

孩子也有自己的面子

定律阐释

厚脸皮定律，指人由于后天长期得不到别人的尊重，久而久之，其羞耻感会逐渐降低，变得对别人的不尊重行为习以为常。

对待孩子，**批评与惩罚要讲究科学**

关于教育孩子的问题，很多家长都感到头痛，不知如何把握批评与惩罚的度，不知采用什么样的方法才能达到教育的真正目的。那么，我们先来看看美国前总统里根的经历。

12 岁那年，年少的里根在家附近踢足球，可是一不小心打碎了邻居家的一块玻璃。邻居对里根说，我这块玻璃是花 12.5 美元买的，你把它打破了要赔偿。那是在 1923 年，12.5 美元可以买 125 只鸡。

里根没办法，只好回家找爸爸。爸爸平和地对里根说，玻璃是你打碎的，那你就得赔，没有钱我借给你，一年后还。里根照办了。

在接下来的一年里，里根通过擦皮鞋、送报纸打工挣钱，终于挣了 12.5 美元，还给了父亲。

后来，里根成了美国总统，在回忆录里讲述了这个故事，他说，这次惩罚让他懂得了什么是责任，懂得了每个人都应该为自己的过失负责。

里根的父亲没有谩骂，也没有喋喋不休地指责，反而实现了自己教育孩子的目的。

当孩子犯错的时候，我们不要不依不饶地训斥孩子，应该让孩子自己谈一谈错在哪里。平静地听孩子说，给孩子表达自己想法的机会。要知道，孩子叙述的过程其实也是一个很好的反省过程。

当然了，这并不等于家长只能做听众，必要时也可以对孩子进行惩罚，正所谓“没有惩罚就没有完整的教育，没有惩罚的教育就是脆弱的教育、不负责任的教育”。但是，惩罚要讲究科学，要让孩子知道自己犯了错误，

并因此而感到愧疚。像里根的父亲那样，让孩子学会自己承担责任，让孩子通过努力改正错误、弥补过失。

在实际教育过程中，很多父母都有类似的体会：当我们被频频告诫要尊重孩子，给孩子民主和自由的时候，我们正陷入一种困境，即当孩子做出一些恼人的事情或者有无理要求时，例如央求父母买这买那、不能按时完成作业、过度迷恋上网及游戏等，我们该怎么办呢？为什么劝阻是那么无力？为什么我们的语重心长在孩子面前是那样的苍白？

其实，教育就是帮助孩子改正缺点。如果父母不能对孩子的不当行为进行约束，不忍心对孩子说一声“不”，这样的教育就是放弃责任的教育。

还有，要像里根的父亲那样，培养孩子的责任意识。

自己的事情自己负责，我们希望孩子能这么做。有些孩子上学忘记带课本，在学校受到老师的批评，回家就对父母哭闹，责怪父母把他的东西乱放，他找不到了，或早上起来晚了，忘记带了，为什么不及时帮他送到学校？……其实，父母应该拒绝孩子这种推卸责任的要求，让他试着承受自己的不负责带来的不悦感。

需要注意的是，在所有这些教育的过程中，父母应像里根的父亲一样平和、理智。科学地批评和惩罚，不但不会伤害孩子的自尊心，反而会提升父母在孩子心中的威信，同时也使孩子懂得更多生活和做人的道理，对他们的成长大有裨益。

定律76

超限效应：

再美妙的赞扬，久了也会腻

定律阐释

刺激过多、过强或作用时间过久，就会使人极不耐烦或产生逆反的现象。如果孩子一直生活在赞扬声中，时间长了，再美妙的赞扬也会腻。

别让过度表扬“甜”倒孩子

当前，不少家长在“望子成龙、盼女为凤”的观念支配下，总是希望通过不断的鼓励，让孩子天天向上，于是各种表扬、奖励充斥着孩子的生活。殊不知，这种教育方式也会导致超限效应。一番苦心，换来的往往是孩子的无动于衷，甚至造成反感。

某班有个学生平时听惯了批评，他对批评根本不当一回事。但是，新学期换了个班主任，这个班主任一开始就对这个学生的某些闪光点进行了表扬。起初这个学生很受感动，但是过了一段时间，这个学生发现，老师对自己的表扬越来越多，而且还有许多是有意拔高的。他认为这是老师在哄骗自己，名义上是表扬，实际上就是让自己注意这些方面，不让自己再捣蛋，这分明是老师看不起自己、不信任自己。于是，后来他一听到表扬就反胃，就大为恼火。

俗话说："好菜连吃三天惹人厌，好戏连演三天惹人烦。"世界万事万物都要有一个合理的限度，超出这个限度，事物就会朝相反的方向发展。正如古希腊哲学家德谟克利特所言："当过度的时候，最适宜的东西也会变成最不适宜的东西。"

教育孩子也是同样的道理，家长都知道对孩子批评多了不好，容易让孩子丧失自信心，于是就拿起了表扬的"武器"。要知道，孩子一直生活在赞扬声中，时间长了，再美妙的赞扬也会腻烦。到时，表扬反而不会激起孩子上进的欲望，一方面会让他找不到度量自己的标尺，看不到前进道路上的泥泞；另一方面还会让他产生反感，觉得自己活在谎言当中，于是出现各种叛逆行为。

身为父母，我们总是会担心孩子自卑、经不起挫折、一旦摔倒就爬不起来，总是希望他能在任何时候都自信、优秀，于是就想通过反复表扬、持续鼓励的方式来帮孩子树立自信心，使他一直保持积极的状态、良好的情绪，向好的方向努力。

这种急切的期待和心理是完全可以理解的，但是，我们认为"只要不断表扬、鼓励孩子就能达到效果"的想法是错误的。从心理学的角度讲，同样的刺激在持续一段时间后，对刺激对象的作用会逐渐减弱，这种现象一旦出现，不仅不会出现父母期望的效果，有时反而会引起孩子更大的逆反心理。

当然，这种超限效应有时还表现在我们对孩子的要求过高、给孩子的压力过大等情况中。

所以，我们在教育孩子的过程中，一定要牢记超限效应带给我们的启示：物极必反，欲速则不达，爱孩子、表扬孩子、给孩子压力，并不是越多越好，而是要讲究个度。

合理表扬，也是一门艺术

许多家长都好奇，表扬既看不见，又摸不到，怎么去把握它呢？

表扬孩子要把握好时机。例如，孩子遇到困难和失败时，最容易泄气，情绪低落，同时也最害怕遭到嘲讽。若偏偏在这个时候对孩子又挖苦又冷嘲热讽，甚至骂出“笨蛋”“傻瓜”之类有伤孩子自尊的话，会使孩子对自己越来越没有信心，上进心一滑再滑。但此时我们若能多给孩子一些鼓励和表扬，并热心地帮助他一起寻求解决困难的办法，收到的效果就完全不同了。要知道，表扬只有在最需要的时候才能发挥最大的作用，才能为孩子打开一扇“别有洞天”的窗户。

中国绘画讲究“疏可走马，密不透风”，“疏可走马”指的就是“留白”，有了空白，才能产生美感。表扬也同此理。心理学原理告诉我们：适当的“留白”更易激起孩子想象的浪花、好奇的涟漪。家长和老师在平时与孩子的交谈中，要点到为止，适时地留点空白，让他们自己去思考、去体味，这样，孩子就会敞开心扉，和你交心，与你为友。否则，过于唠叨，孩子会很反感。俗话说："酒里水多了，味道就淡了。"过多的重复表扬，到后来不但不再产生正面的教育效果，反而会引起孩子的厌烦甚至抵触情绪，"播下的是龙种，收获的却是跳蚤"。

很多家长都不知如何把握表扬的度。第一，要符合实际，不要言过其实地表扬，要注意分寸，不无限夸大；第二，不吝啬表扬，但也不轻易表扬，如果是孩子本应完成的事情，不要因为孩子希望被关注就随意表扬。事实上，过多廉价的表扬不仅不能对孩子产生积极的作用，反而会让他养成浅尝辄止和随意应付的习惯。不付出努力、唾手可得的赞赏又怎么会珍惜呢？

与此同理，我们表扬孩子也要讲究方式与方法。例如，当孩子数学成绩有所提高的时候，我们可以说"你的思维能力提高很大"；当孩子语文成绩有所提高的时候，我们可以说"你的语言理解能力和表达水平越来越好了"；当孩子在与人相处或做事方面有所进步时，我们可以说"你真的长大了"，等等。

在孩子漫漫的成长之路上，他们不仅需要我们的批评教育，更需要我们合理的表扬与鼓励。身为家长，我们一定要把握好这门艺术，让它在孩子身上发挥出最佳的效果。

定律77

热炉法则：

惩罚是孩子进步的阶梯

定律阐释

烧热的火炉，当你靠它太近，就会感到很烫甚至被灼伤；当你离它太远，就感受不到它的温暖；只有保持适当的距离，你才会得到温暖和保护。对孩子的惩罚亦是如此。

玉不琢不成器，让孩子在接受惩罚中进步

我们在教育孩子的过程中，明明知道“玉不琢不成器”，但一看到孩子委屈地哭闹，往往就心慈手软了。殊不知，这样对孩子的发展非常不利。

在孩子的成长过程中，如果犯了错误，就需要我们做家长的来对孩子进行“打磨”，也就是惩罚。行为心理学家认为，惩罚是人类行为的一个基本准则，人的错误行为因为惩罚后果的存在，使将来出现的可能性减少。

大家都知道，国有国法，家有家规，违反这些规则时，就要受到相应的惩罚。其实，这也是热炉法则所告诉我们的，即当人用手去碰烧热的火炉时，就会受到被烫伤的惩罚。

这一法则就是通过“热炉”形象地阐述惩处原则：

1. 警告性原则

热炉火红，不用手去摸也知道炉子的温度很高，是会灼伤人的。这启示我们，规则是火红的热炉，我们要正视它的存在，要加强学习和教育，否则即使你不懂，触犯了也会受到惩处。

2. 及时性原则

当你碰到火红的热炉时，立即就会被灼伤。这启示我们，惩处必须在错误行为发生后立即进行，绝不能拖泥带水，绝不能有时间差，以便达到及时改正错误行为的目的。

3. 一致性原则

只要你碰到火红的热炉，就会被火灼伤。这启示我们，“说”和“做”是一致的，规则“说”到，就要“做”到，也就是说，只要触犯规则，就一定要按规则进行惩处。

4. 公平性原则

不管男女老少，谁碰到火红的热炉，都会被灼伤。这启示我们，对于规则，不论是领导，还是群众，只要触犯，都要受到惩处，在规则面前人人平等。

客观上来讲，适度地、巧妙而艺术地运用惩罚，对孩子来说是一种唤醒、一种鞭策、一种激励，也是一种压力之后的进步。

惩罚孩子一定要**有原则**

惩罚是给孩子纠正错误，让其不断成长的不可或缺的重要手段。那么，是不是随意进行惩罚都会有效？当然不是。惩处必须有度，只有把握好这个度，才能起到恰到好处的作用。

下面，我们一起来看看如何运用热炉法则，让家庭教育中的惩处不再产生负效应。

（1）警告性原则。经常对孩子进行规则意识的教育，劝诫孩子要遵守规则，否则会受到惩处。

比如，超市里的物品琳琅满目，孩子进去以后往往是看到好吃的想买，看到好玩的也想买。你和孩子定的规则是：没有特殊情况，每次进超市他最多只能选择买一样东西，否则便任何东西都不可以买。要将规则对孩子讲清楚，而且每次去超市前都要提醒他。

刚开始孩子可能会不太适应，常缠着你要把想买的东西都买下，但只要你坚决拒绝，一律按规则办事，受过一次惩罚（一样东西都没买）后，孩子便会自觉地执行“只买一样”的规则。

（2）及时性原则。一旦孩子犯错误，我们应对其错误行为进行及时纠正，不能拖延，以便达到及时改正错误行为的目的。

例如，孩子在超市中看中了猫咪凉鞋和“爱心”冰激凌，而他两样都想要，又明知只能买一样，可他哪样都舍不得放弃，当然，他会硬缠着你把两样都买下。或许，当你看到孩子脚上的破凉鞋时，你会觉得是应该买双新的；外面下着雨，冰激凌可以不买。但是这时，你要依据你们定下的规则，当场回绝孩子的要求——两样都不买，把两样东西都放回货架。“立竿见影”的惩处可以使孩子认识到违反规则的严重性，自那以后，他便不会再违反规则了。

（3）一致性原则。只要违反规则，一定会受到惩处。

你和孩子可以共同商定：自己的东西自己收拾，玩具玩完后必须自己收起来，否则便没收该玩具两周。假如有一次孩子玩完积木后，积木撒了一地，再三提醒也不收拾，你便可以收起积木，束之高阁。只要孩子两周没玩到他心爱的积木，以后便会逐渐改掉玩完玩具不收拾的坏毛病。

（4）公平性原则。家庭成员在规则面前人人平等，无论是爸爸、妈妈，还是孩子，只要违反规则都要受到惩处。

父母是孩子的表率，要孩子执行的规则首先自己要模范地执行，这才能体现人人平等的原则，家庭教育才能有效果。假如，某一次你违反了规则而被孩子指出来的话，你应该接受指正或接受处罚，以便让孩子认为这是一个公平的规则。

只有当我们能正确把握好这 4 点时，才能更好地教育孩子，引导孩子正确地生活、成长。

定律78

蔡加尼克效应：

调动孩子渴求度，让孩子念念不忘

定律阐释

蔡加尼克效应，指人在执行某个任务时的紧张状态会一直持续到任务完成，如果工作中断，紧张状态会让人的心理活动指向未完成的任务，从而对有关内容的记忆更牢。

弄清记忆规律，避开教育心理误区

生活中，我们常常遇到这样的情景：

球赛枯燥乏味，球迷还是看到终场；电影无聊透顶，观众还是等到闭幕才悉数离场；手中的书如同鸡肋，我们仍然期待下一刻会有惊喜……

很多电视剧的忠实粉丝对节目中插播的广告甚为反感，但是又不得不硬着头皮看完，因为广告插进来时剧情正发展到紧要处，实在不舍得换台，生怕错过了关键部分，于是只能忍着，一条、

两条……直到看完第N条后长叹一口气："还没完呀？"

不得不承认，广告的插播时间选得着实精妙。其实说穿了，就是广告商摸透了观众的心理，让你欲罢不能。

很多事情就是这样，不完成似乎就心有不甘。想想，记忆中最深刻的感情，是不是没有结局的那一桩？印象中最漂亮的衣服，是不是没有买下的那一件？最近心头飘着的，是不是那些等你完成的任务？

我们在做一件事情的时候，会在心里产生一个张力系统，这个系统往往使我们处于紧张的心理状态之中。当工作没有完成就被中断的时候，这种紧张状态仍然会维持一段时间，使得这个未完成的任务一直压在心头；而一旦这个任务完成了，那么这种紧张的状态就会得以松弛，原来做了的事情就容易被忘记。

对一个人，尤其是孩子，不能让他的愿望过早地得到满足，得到了可能就不会再珍惜了。所以，在教育孩子的过程中，不能一股脑儿地将知识灌输给孩子，而应该分阶段地给孩子讲解，让他们有意犹未尽的感觉。

巧妙运用蔡加尼克效应，让孩子对知识如饥似渴

"玉不琢，不成器；人不学，不知道。"孩子是一张白纸，需要家长用知识的画笔去描绘。但是在教授知识的过程中，必须讲究方式方法，否则会让孩子对知识产生厌烦心理，失去学习兴趣。在教导孩子的过程中，有些家长喜欢连续不断地讲授

知识，虽然这种精神让人敬佩，这种心情也可以理解，但其效果却常令人不敢恭维——讲到哪里，孩子就忘到哪里。

为什么会产生这种吃力不讨好的现象呢？主要是因为家长忽视了孩子的心理发展水平。此外，还有另外一个微妙的因素，那就是许多家长不知道蔡加尼克效应的作用。家长如果谙熟这种效应的特性，就不会滔滔不绝地讲个不停，让孩子产生厌烦情绪了。因此，我们可以把这种微妙的心理机制应用到教育孩子上来，让孩子开心地学习。

按照蔡加尼克效应，家长在教育孩子的过程中，无论是教授知识还是讲述做人的道理，在讲到关键处不妨稍作停顿或者让孩子谈一下看法，这样孩子就会对知识或道理产生浓厚的兴趣，从而对这个关键点产生深刻的记忆。事实上，突出关键点的方法很多，可以重复强化，可以详细阐述等，而最有效的方法就是戛然而止不再讲解，这使孩子的求知欲受到阻碍，反而会让孩子产生迫不及待的求知心理。他的求知欲已经被激发，这时候的教育效果就会比较理想了。

为什么这种半途而止的讲解要比滔滔不绝的讲解更利于教育孩子呢？原因在于后者所引起的张力系统业已松弛，而前者所引起的张力系统则仍在继续。可见，蔡加尼克效应在教育孩子时有重要意义，家长应积极加以开发与应用。同样，教师在讲课时若能够运用蔡加尼克效应，也会提高讲课效率。

所以，蔡加尼克效应提醒家长应该注重挫折教育，必要的时候给孩子一点打击，对孩子的成长有百利而无一害。

定律79

跨栏定理：

不经历风雨，怎能见彩虹

定律阐释

一个人的成就大小往往取决于他所遇到的困难的程度，竖在你面前的栏越高，你跳得也越高。

多给孩子一些**鼓励**

鼓励可以说是每一个人的自然需求。谁能总是受着批评、指责、埋怨仍保持喜气洋洋、斗志昂扬呢？孩子幼小的心灵更需要鼓励，鼓励能使孩子信心高涨，更加努力。

一个小男孩因为长得又矮又瘦，被老师排除在合唱团外，而且他永远穿着一件又灰又旧且不合身的衣服。

小男孩躲在公园里伤心地流泪。他想：我为什么不能去唱歌呢？难道我真的唱得很难听？

想着想着，小男孩就低声地唱了起来，他唱了一支又一支，直到唱累了为止。

“唱得真好！”这时，一个声音响起来，“谢谢你，小朋友，你让我度过了一个愉快的下午。”

小男孩惊呆了！

说话的是个满头白发的老人，他说完后就走了。

小男孩第二天再去时，那老人还坐在原来的位置上，满脸慈祥地看着他微笑。

于是小男孩唱起来，老人聚精会神地听着，一副陶醉其中的表情。最后他大声喝彩，说：“谢谢你，小朋友，你唱得太棒了！”说完，他仍独自走了。

这样过去了许多年，小男孩成了本城有名的歌手，但他忘

不了公园靠椅上那个慈祥的老人，于是他特意回公园找老人，但那儿只有一张小小的孤独的靠椅。后来他才知道，老人早就去世了。

“他是个聋子，都聋了 20 年了。”一个知情人告诉他。

每次鼓励都是给孩子多创造一次机遇，孩子需要鼓励，需要信心，就如植物需要浇水一样，离开鼓励，孩子就不能进步。威廉·詹姆斯也曾经说过：“人性中最深切的禀质，是被人赏识的渴望。”事实也的确如此。在现实生活中，没有一个孩子会在批评中产生学习的兴趣，没有一对情侣会在相互的指责中增加彼此的爱意，也没有一对朋友会在嘲笑中增进彼此的友谊。

因此，学会由衷地鼓励自己的孩子是十分重要的，不要给孩子施加压力，而要营造一个轻松的成长氛围。越是在自卑或不如意的时候，孩子越需要鼓励和欣赏，过火的指责和粗心的淡忘都容易给孩子造成心理上的负面影响。

人人都需要鼓励！鼓励是一杯心灵的安慰剂，鼓励是源源不断的力量源泉，鼓励是对孩子真挚的爱，鼓励还是一种执着的肯定。孩子们在鼓励的支撑下，会一点点地做到最好。

挫折越多，**成长越快**

40 岁得子的一对农民夫妇对儿子非常宠爱，儿子要风得风，要雨得雨，从小便爱发脾气，做事也毛毛糙糙。

儿子上学了，从来也不知道爱惜衣服，回家时不是弄脏了衣服，便是把书包忘在田里，回家后就只知道哭鼻子。母亲即使每天跟在他身后，也没有办法。

一天，父亲拿着铁锹，在儿子回家的必经路上挖了很多坑，又在坑上搭起一座座独木桥。孩子回家时，走到桥边，不知所措。田野里没有人，只有风从树林中吹过，孩子想哭，却不知道哭给谁听。没有后路，孩子只好小心翼翼地走上桥，他胆战心惊地走过一座座独木桥后，学会了认真对待小桥。

回家后，孩子得意扬扬地告诉了父母今天的经历。母亲不理解，父亲解释说："他走在平坦的大路上，当然不会注意脚下，现在路途艰险，他自然会集中精神走好路了。"

这是个聪明的父亲，他明白孩子如果从小能经历很多的挫折，那么他长大后就不会轻易被困难打倒。

阿费烈德先生是一位著名的外科医生，他发现了一个奇怪的现象：病人患病的器官并不像人们想象的那样糟，相反在与疾病的抗争过程中，这些器官为了抵御病变，功能反而不断增强。他在给一些美术学院的学生治病的过程中，又发现了一个奇怪的现象：这些搞艺术的学生的视力其实大不如人，有的甚至还是色盲。后来他把自己思维的触角延伸到更为广泛的社会层面，发现这类现象很普遍。于是，他提出了心理学上的一条定理——跨栏定理，即挫折越多，人的成长就越快。

其实，生活中大大小小的逆境，都可以磨炼孩子的意志和毅力。但是在孩子经历挫折的过程中，父母要引导孩子用正确的态度应对挫折，使之长久地保持"我一定能把困难搞定"的热情和信心，坚定地朝着自己的目标前进，实现生命的价值，享受成功的喜悦。

定律80

动机适度定律：

给角色压力一个出口

定律阐释

有时候，一个人做事的动机太强，事情反而做不好；动机适度，事情才容易做好。孔子说，凡是以外物为重，怀有恐惧心理的，内心必然怯懦，行为也会因此变得笨拙犹豫；相反，对结果抱达观态度，姿态放松的，会表现出最好的水平。

减压比拼命学习更重要

一位老师谈起她上学那会儿的事：

我上初中的时候，我们当地流行从初中考师范，这在当时是一条“鲤鱼跳龙门”的捷径。当时的竞争非常激烈，很多人都挤这条“独木桥”。

我的一个同学是复读生，她这已经是第五次复读了，前几次都是以几分之差与师范学校失之交臂。她虽然非常努力，但学习却总是不见成效。这使她对自己的整个知识基础产生了怀疑，总是一副压力重重的样子。

一次期中考试，我考了全年级第十，是应届生中的第一名。初三上学期的期末考试，我竟然拿了个全年级第一。当时我也挺纳闷，平时班里很多同学对知识的掌握水平比我强，我也没有超常发挥，为什么远远地把别人抛在后面了？后来我突然明白，肯定是很多优秀的学生被这两次考试吓住了！尤其是很多复读生，他们比应届生多上一年，甚至是六年学，他们头脑中的知识本该记得很牢，可是他们自己或家长对他们施加的压力太大，使他们不能很好地发挥自己的水平！减压绝对是成功的秘诀。我与那位女生分享了我的发现。

明白这个道理后，在以后的日子里，我睡得好，吃得香，尽情地玩，轻松地学，最后终于考上了我心仪的重点高中。而我的那个女同学，也发生了质的改变，她考试的分数远远地超出了中专线几十分。我明白这其中的真正原因：减压！

事实就是这样，如果人的动机过强，就容易变得紧张，思维局促，甚至在极端的情况下，大脑会一片空白，这样当然不利于发挥水平了。只有在动机适度，人比较放松的情况下，人的能力才会得到充分的发挥。

所谓的动机指的是人渴望完成任务的程度。心理学家认为人的各种活动多存在一个最佳的动机水平，动机不足或者过分强烈都不是一种好现象。比如，一个整日混日子、没有什么理想的学生，很难有学习的兴趣；而一个对学习抱有太大的期待，过分追求学习功利性，学习动机过强的学生，势必会为自己制造巨大的压力，最终影响到学习效率，而学习效率的下降反过来又会增加他的压力。

动机过强和过弱都不好，那么什么样的动机水平才是最适度的呢？美国心理学家耶克斯和多德森认为，中等程度的动机激励水平最有利于效果的提高。

培养合理的心理动机，**提高孩子生活质量**

爱因斯坦曾说过：“情感和愿望是人类一切努力和创造背后的动力。”由此，在教育孩子的过程中，我们要让其学会“为自己而玩”。

一群孩子在一位老人家门前的一大片草地上嬉闹着，像一群小鸟一样，叽叽喳喳地喊个不停。几天之后，老人实在难以忍受了，他决定采取行动。

于是，他出来给了每个孩子 25 美分，对他们说：“你们让这儿变得很热闹，我觉得自己年轻了不少，这点钱表示谢意。”

孩子们很高兴，第二天仍然来了，一如既往地嬉闹。老人再出来，给了每个孩子 15 美分。他解释说，自己没有收入，只

能少给一些。15 美分也还可以吧，孩子仍然兴高采烈地走了。

第三天，老人只给了每个孩子 5 美分。孩子们勃然大怒："一天才 5 美分，知不知道我们多辛苦！"他们向老人发誓，他们再也不会为他玩了！

转过身，老人露出了笑容，心里无限放松。

人的动机可分为两种：内部动机和外部动机。如果按照内部动机去行动，我们就是自己的主人；但是一旦我们被外部动机驱使，就会为外部因素所左右，从而成为它的奴隶，正如故事中的孩子们一样。

当孩子被学习中的外部因素干扰，不想继续努力时，我们应引导他们多想想——自己在"为谁而玩"。

总之，合格的父母应懂得如何在生活中培养孩子合理的心理动机，从而提高孩子的生活质量。

定律81

詹森效应：

教会孩子用平常心对待得失

定律阐释

很多人平时表现良好，但由于压力过大、过度紧张，在正式比赛的时候缺乏应有的心理素质，导致比赛失败。

小考战果累累，**大考一败涂地**

詹森是一名运动员，他平时训练有素，实力雄厚，每次测试的成绩都很好，但是他一到了赛场上就连连失利，根本发挥不出平时的水平。心理学家把这种平时表现良好，但由于缺乏应有的心理素质而导致正式竞技场上失败的现象称为詹森效应。詹森效应是人的一种浅层的心理疾病，就是将现有的困境无限放大的心理异常现象。

詹森效应在学生群体中比较常见。有些名列前茅的学生在大考中屡屡失利，细细想来，实力雄厚与赛场失误之间的唯一解释只能是心理素质问题，但最本质的是得失心过重和自信心不足。有些人平时战绩累累，卓然出众，久而久之，他们会形成一种心理定式：只能成功，不能失败。再加之赛场的特殊性，周围人群对他的深切厚望，使他背负上沉重的心理包袱，患得患失，被如此强烈的心理得失困扰，最终很难发挥出自己的真实水平。

某报曾经接到一位学生家长发来的“求救”邮件：我的孩子即将参加高考，想想三年前孩子中考时的情况，我不由得忧心忡忡。三年前，我的孩子在班级乃至学校都是佼佼者，但这个孩子比较内向，心理素质较差，平时成绩很好，一到大考成绩就一落千丈，中考成绩“超低水平”发挥，只勉强考上了普通中学。孩子没办法面对这个现实，整天把自己关在房间里，消沉了许久。现在三年过去了，我的孩子在这所普通中学表现很好，年年都获得“三好生”称号。如果正常发挥，孩子上本科甚至重点都没问题，但如果改变不了心理素质差的毛病，成绩难以预料。我们真担心，在高考那种更紧张的气氛中，孩子能否承受得住。真希望你们能帮我想想办法！

还有一名学生，连续两年参加高考，均因在考场上过度紧张而落榜，而如果按平时的考试成绩，他是完全可以进重点院校的。第一次高考，考数学时，有一道题他平时没见过，因此紧张起来，心跳加快，呼吸急促，神情慌乱，双眼模糊，看不清试卷，结果以 3 分之差落榜。经过一年的刻苦学习，他又走进了高考的考场。但一进考场，他又笼罩在一种无形的紧张气氛中，明明会答的题目，甚至平时熟悉的题目都变得陌生起来，结果又以 7 分之差落榜……

上述两名考生显然陷入了詹森效应的怪圈，以至于小考战果累累，大考一败涂地。作为家长，我们有必要在这方面对孩子加以关注。

自我调节，消融紧张

心理学家认为，紧张是一种有效的反应方式，是应付外界刺激和困难的一种准备，有了这种准备，便可产生应付刺激的力量，因此紧张并不全是坏事。然而，持续的紧张状态则会严重扰乱机体内部的平衡，会给身心健康带来无法估量的损害。所以我们要教会孩子，如何通过自我调节克服这种心理。

如何克服紧张心理，具体可以尝试以下几种方法：

1. 暂时避开

当事情不顺利时，让孩子暂时避开一下，去看看电影或一本书，或做做游戏，或随便走走，改变环境能使其感到松弛。而如果强迫孩子“保持原来的情况，忍受下去”，无疑是在惩罚孩子。当孩子的情绪趋于平静，而且和其他相关的人均处于良好的状态，可以解决问题时，再让孩子回来，着手解决问题，往往就会收到良好的效果了。

2. 每天晚上做一次反省

让孩子学着这样思考：“我感觉有多累？如果我觉得累，那不是因为劳心的缘故，而是我工作的方法不对。”丹尼尔·乔塞林说过：“我不以自己疲累的程度去衡量工作绩效，而用不累的程度去衡量。”他说：“一到晚上觉得特别累或容易发脾气，我就知道当天工作的质量不佳。”如果全世界的人都懂得这个道理，那么，因过度紧张所引起的高血压死亡率就会在一夜之间下降，我们的精神病院和疗养院也不会人满为患了。

3. 谦让

如果你的孩子经常与人争吵，就要考虑他是否过分主观或固执。要知道，这类争吵将会对周围人的行为带来不良的影响。孩子可以坚持自己正确的东西，静静地去做，但给自己留有余地仍是必要的，因为他自己可能是错误的。即使是绝对正确的，他也可按照自己的方式稍作谦让。这样做了以后，他通常会发觉别人也会这样做的。

4. 尽量在舒适的情况下学习

记住，身体的紧张会导致肩痛和精神疲劳。人生有压力是不可避免的，谁还没有个烦琐难熬的事儿呢？既然明白了这一点，就要学会让孩子自我减压，举重若轻，化解紧张。同时，还可以用抑制下来的精力去做一些有意义的事情。

5. 把烦恼说出来

当有什么事烦扰孩子的时候，应该引导其说出来，不要摆在心里。让孩子试着把烦恼向父亲或母亲、老师、学校辅导员等倾诉，他心里往往就会舒服很多。

定律82

情绪判断优先原则：“打是亲，骂是爱”是最大的谎言

定律阐释

情绪会优先于理性，影响人们的判断。因此父母在和孩子的交流中，要学会“先处理情绪，后处理事情”，才更容易使孩子接受。

先处理情绪，后处理事情

这周末，梦涵全家进行大扫除，小轩、可可都来帮忙。不过梦涵今天的心思可没在劳动上，她边干活边想着去划船的事。

不料，一个不小心便闯了祸，爸爸最喜欢的大花瓶被她打碎了，梦涵一下子愣在了那里。她想：“这下闯大祸了，爸爸一定会骂我的！”爸爸一向比较严厉，想起爸爸接下来拉长的脸，梦涵手忙脚乱地逃离了“现场”。

眨眼到了吃晚饭的时间，爸爸妈妈见梦涵还是没有回来，

便分头去找。妈妈在小花园里发现了梦涵，她正和小伙伴们玩得不亦乐乎。

“梦涵，回家吃饭了！”妈妈柔声叫她，但梦涵不敢回家。

“今天是淘气的小轩打碎花瓶的。妈妈，咱们今天能不能晚点儿回家呢？”梦涵央求妈妈。

妈妈早看出了她的心思，便告诉她：“今天打扫卫生，你是咱家做得最好的，你爸还一直对你赞不绝口呢！此外，你爸爸最近一直嫌那个花瓶大，摆到哪儿都占地方，早就想扔了，这下好了，家里显得不那么挤了！不过呢，以后劳动的时候要注意啊！”梦涵听了妈妈的话，羞愧地低下了头，她想：我以后可不会犯这样的错误了！当她回到家时，爸爸并没有训斥她，而是说：“梦涵，把碎片打扫干净吧，否则扎到脚就不好了。”梦涵飞快地去拿扫帚和簸箕。从此，她无论是劳动还是学习都变得细心了。

梦涵妈妈的处理方式可以说是明智的，她没有因为孩子闯祸而愤怒，也没有让孩子承受闯祸后的恐惧，而是用一种温和的方式，让孩子记住前车之鉴。

而现实中很多父母却做了一个“穿西装的野人”，每每发现孩子的错误，不分青红皂白，便冲着孩子大喊大叫。事实上，这种方式收效甚微，因为人们的判断遵循情绪判断优先定律，孩子只能记住当时的恐惧，而忘了对错误的判断与反省。

所谓的情绪判断优先定律，即指情绪会优先于理性，影响人们的判断，无论是好情绪还是坏情绪都会首先影响到人的行为。例如，现在消费者对生产企业王婆卖瓜——自卖自夸式的广告已经深恶痛绝，更喜欢那些人情味十足的广告。如清华清茶广告词 :“老公，烟戒不了，洗洗肺吧！”短短一句话，像一枚“糖衣炮弹”，迅速使得消费者“投降”。在这个过程中，消费者首先是感动和情感共鸣，继而就会引发他们潜在的消费需求，为商家带来了滚滚财源。

同样的道理，父母在与孩子的交流过程中要学会先处理情绪，后处理事情。比如在孩子处于不愉快状态时，他就会将所有的外界信息拒之门外，这时父母无论说什么，他都很难接受。但是，如果父母先体谅孩子的感情，宽容和安慰孩子，先处理好他的情绪，使他处于良好的情绪状态下，那么问题就能轻而易举地解决。

爱和要求合二为一，教育才有意义

有的家长太溺爱孩子，孩子长大了自私任性，甚至殴打家长;有的家长对孩子要求太严格，对孩子造成了巨大的心理压力，这样的孩子同样问题多。爱和要求都没有错，但必须要把爱和要求合二为一，孩子健康发展了，教育才有意义。

一位妈妈向别人哭诉，说孩子打她！“我那么疼他，他居然打我，没良心啊！想想看！从小到大，他要什么我给他什么，他想去干什么我都顺着他，最后却落了个这样的下场！我做错什么了？不就是碰倒了他的一个花瓶吗？就对我拳打脚踢！平时他朝我吵吵嚷嚷，我以为他是闹着玩，就由着他，现在竟然打起我来了！这哪是我的儿子啊？他怎么能这样对我！”

孩子为什么会这样？其实要问家长自己。家长太溺爱孩子，孩子便很容易变得以自我为中心，只要稍不如意，很可能就把怒气发泄到家长身上。溺爱让孩子的脑袋里没有建立起一个“谦让和尊重”的意识，因为父母的宠爱让他觉得他就是这个世界的王！那么，他还有什么事情做不出来的？

诸多事实均已证明，家长的严格要求给孩子施加了过分的压力，最后，孩子很可能因为压力过大，精神上出现一系列的问题。据中国疾病控制中心精神卫生中心调查，目前在中国（不包括港澳台地区）大学生中，16% ～ 25% 的人有心理障碍，以焦虑不安、恐怖、神经衰弱、强迫症状和抑郁情绪为主。

上述的两种方式都是不正确的，无论是爱还是要求，都不能在各自的方向上越走越远，只有将两者结合起来，才是正确的教育，这时，教育也才有意义。

做父母的不应该盲目地爱，要严中有爱、爱中有严，这样才能培养出有良好品行的优秀人才。

定律83

角色效应：

孩子，应扮演他自己的角色

定律阐释

现实生活中，人们以不同的社会角色参加活动，这种因角色不同而引起的心理或行为变化被称为角色效应。

什么样的角色，**什么样的孩子**

世界首富比尔·盖茨在西雅图上小学四年级的时候，被人推荐到图书馆帮忙。图书馆管理员给他讲解图书的分类法，告诉他要做的工作就是把归还图书馆的放错了位置的书放回原处。盖茨听完后问："工作的时候，是像侦探一样吗？"管理员说："那当然。"然后，小盖茨就在书架的迷宫中穿来插去。

"小侦探"这个角色让他兴奋不已，每当从一堆书里发现要找的目标时，他都会发出一阵胜利的欢呼。他干得越来越熟练，不久便请求担任正式图书管理员。好景不长，几个星期后，盖茨搬家了，也转学了。但是没过多久，盖茨又回来了，因为新学校的图书馆不让学生干，盖茨的父母为满足儿子做“小侦探”的愿望，又把他转回来上学了，由父亲开车接送他。盖茨自己也坚定地说：“如果爸爸不带我，我也会走着来上学的。”

可见，“小侦探”这个“社会角色”激发了小比尔·盖茨多么浓厚的兴趣。正是这种角色扮演，使他长大之后，将枯燥的工作变成了有趣的游戏，而且做得有滋有味。

心理学家曾做过一个有趣的实验：邀请一些不懂礼貌的孩子去参加一个不平常的晚餐。在晚餐中，他们竟然一反常态，在文雅气氛的熏陶下，意识到自己是有教养的“来宾”角色，并按这种社会角色来约束自己，很快变得有礼貌了。

这个实验表明，如果赋予孩子适当的角色，而且当他对角色有所领会和理解时，孩子就容易按照角色的规范来要求自己，从而在个性心理或行为上发生一些变化。这种现象被称为角色效应。

角色效应的形成首先开始于社会和他人对角色的期待。现在教育中普遍存在一种偏差，老师往往用“好学生学习好”“坏学生成绩差”来评断孩子，这使得他们出现了角色概念的偏差，对自己扮演的社会角色不能够正确认知和评价。他们会觉得自己学习差就一无是处，会厌烦自己的“角色”，而那些“好学生”则可能因此而沾沾自喜、自我膨胀。在这种错误认知的基础上，他们开始了各自不同的行为：“坏学生”开始真正厌学，开始自暴自弃；“好学生”则只注重学习，而忽略了自身全面发展。这种最初的错误期待导致了孩子认知行为的恶性循环。

案例中的小盖茨，受到的则是一种积极的角色效应的影响，他在扮演侦探这种社会角色时，从心理上产生一种自我期望，再加上父母对这种角色的认可，使他不仅喜欢自己扮演的角色，而且体会到了角色给他带来的乐趣。这种积极的认知和期待成为激励他行为的内在动力，甚至影响到他成长的每个阶段。

理解孩子，填平无法沟通的代沟

最近程女士明显感觉到，随着儿子一天天长大，他们之间经常话说不到一块儿，两人之间的兴趣、爱好、观点也不太一样，甚至有时他们之间会因某些事情而发生剧烈冲突……所有这一切，都预示着她与儿子之间已经有了一道不可逾越的代沟。如何跨越代沟，化解母子之间的冲突，实现两人的有效沟通，成了程女士亟须解决的一大难题。

代沟其实是一种很正常的社会现象，是不可避免的事实，同时又是一个生物学现象。究其原因，就是父母没有真正理解孩子的角色，而误将自己的思想“顺理成章”地加到孩子身上。

充分理解到两代人的差异，我们就能正确地处理代沟问题。具体方法有如下几种：

1. 关心孩子的内心世界

父母与孩子之间的代沟很明显的表现是双方谈不到一块儿。与跟成年人谈话相比，跟孩子们谈话似乎更需要一种类似天赋的才能，你必须会说孩子们的话，懂得孩子们的内心世界，甚至还要保持与孩子们一样的天真，尊重孩子们的想法和观点。

在和孩子们交谈之前，你必须主动而自然地与孩子们接近。要真正与孩子们很好地相处，你还必须了解孩子们心理、生理上的特点，懂得他们喜欢什么、不喜欢什么。

2. 尊重与理解

父母与孩子，作为两个不同的个体，最基本的就是平等，这样才能沟通。所以父母应放下自己的架子，把孩子当成一个大人，当成一个朋友，而不是把他们当成永远长不大、永远不懂事的小不点儿。父母应做到和孩子平等地讨论问题，让孩子有发言的机会，尊重孩子的想法，营造比较民主的家庭气氛，以缓和大人与孩子的紧张关系。

在日常生活中，父母可试着抽时间与孩子聊聊天，耐心地倾听孩子的讲述，听取他的意见和建议，理解他的情绪，给他自主决策的机会。这样，孩子也就容易敞开自己的心扉，对父母讲自己的心里话。渐渐地，那条横在父母与子女之间的代沟便会日益缩小。

3. 理智关爱

每个做父母的都希望“儿子成龙，女儿成凤”，他们给孩子倾注了全身心的爱，事无巨细都替孩子着想，恨不得一切包办代替。

可是，做父母的不知道，有时太多的爱对子女来说是一种负担，它会压得孩子透不过气来，而孩子为了甩掉这份爱，就可能对父母无缘无故地发脾气，或尽量躲避父母所给予的爱。而且，这种毫无节制的爱也是对孩子成长空间的一种限制，将明显地扼杀孩子独立个性的发展。一句话，爱也会使孩子窒息。

因此，爱是需要讲究方法的。要做到理智地爱，最关键的是要理解孩子的角色，尊重孩子，给孩子独立的空间，在关爱中引导孩子成长，这样也有助于拉近与孩子之间的距离。

定律84

吸引力法则：

指引丘比特之箭的神奇力量

定律阐释

吸引力法则，指同样频率的东西会共振，同样性质的东西会互相吸引，走到一起，也就是我们的思想、情感、语言、行动结合后的能量形式将会吸引与其本质相同的人、事、物。其在情感方面的体现就是，我们喜欢的人，往往也是那些喜欢我们、跟我们合得来的人。

人海茫茫，偏偏喜欢**相似的“你”**

电影《秘密》在全球的广泛关注下，造就了同名书籍《秘密》的诞生及热销。《秘密》一书出版没多久，便横扫美国、加拿大、英国等多个国家的各大图书市场，当时它在中国图书市场也是赫赫有名。《秘密》为何会如此吸引人呢？究竟是什么秘密在里面？答案就是，它揭示了神奇的吸引力法则！

如果有人问你："为何选择现在的她/他作为你的另一半？""你喜欢的人通常要具有哪些特征？是漂亮，是帅气，是聪明，还是有钱？"想必你很难说出具体的答案，但却能肯定地回答："大家在一起很合得来。"

这是为什么呢？心理学研究表明：我们喜欢的人，通常是那些也喜欢我们、跟我们合得来的人。也就是说，你的另一半不一定很漂亮，很帅气，很聪明，或者很有钱，但他一定是很喜欢你，你也很喜欢他，你们彼此合得来，也就是我们前面说的吸引力法则。

也许你会问："我们为什么偏偏喜欢那些喜欢我们、跟我们合得来的人呢？"这是因为，喜欢你的人能使你体验到愉快的情绪。一想起他/她，就会想起和他/她交往时所拥有的快乐，一看到他/她，你自然就有了好心情。你们双方比较有默契，或者叫很有"灵犀"。而且，因为他喜欢你，对你自然持肯定、赏识的态度，从而使你受尊重的需要得到满足。正所谓："什么是好人？——对我好的就是好人。"

看过电视剧《一帘幽梦》和《又见一帘幽梦》的朋友，想必都对紫菱与楚濂、费云帆之间的爱情纠葛的印象极其深刻。那我们就以这个例子，看看爱情中的吸引力法则。

先说紫菱与楚濂。在紫菱不知道楚濂喜欢自己的时候，始终不敢暴露自己对楚濂的好感；当楚濂向她表白心意的时候，她的爱意自然如水倾泻。两人互相喜欢，互相吸引，以至于即便有绿萍横于其间时，仍旧彼此牵挂。不过可惜的是，他们受到太多外界因素的影响，最终未能走进婚姻的殿堂，永结同心。

尽管与楚濂分开令紫菱痛苦不堪，但这也给了紫菱一个新的爱情发展机会——费云帆。很多人好奇，紫菱那么爱楚濂，为何还会接受费云帆？其实，这还是要到吸引力法则上来找答案。在紫菱最痛苦的时候，费云帆用他无微不至的体贴、精心的呵护，深深地感染着紫菱，使紫菱不知不觉也陷入了对费云帆的喜欢之中。既然与楚濂不可能复合，嫁给如此喜欢自己的费云帆也许是最好的选择。紫菱的选择不仅符合常理，也很符合人的心理。在感情上，双方的喜欢一旦建立，久而久之，很容易巩固并发展。这也是为何绿萍与楚濂离婚后，紫菱仍选择留在费云帆的身边，因为他们已经从喜欢升华到了彼此相爱。

心理学还认为，当人们发现一个人非常喜欢自己时，不管对方客观情况是怎样，是否具有让自己喜欢的特点，往往会无条件地喜欢上对方。人们大概是想象，既然对方喜欢自己，那他／她一定是在某些方面和自己相似，认可自己的为人和某些特点，那么自己又有什么理由不同样喜欢对方呢？

要知道，实际生活中，几乎没有人是完全自信的，因此大多数人都特别需要别人对自己的肯定。这样一来，那些喜欢我们的人，通过对我们的肯定、追求等，便为我们喜欢他们打下了良好的基础，最后步入双方互相喜欢的状态也算是水到渠成。

关注并吸引，将爱情进行到底

吸引力法则另一个层面上的含义就是：你关注什么，就会吸引什么，什么就会靠近你。所以，想获得真诚、永久的爱情，

想将自己的爱情进行到底，一定要时刻对你的爱情抱有希望。

要实现这种积极的关注和希望，可以通过 6 个方面进行：

第一，明确你想要的爱情是什么。在你设想甜蜜的情侣关系或美满的夫妻关系之前，你应当知道这对你意味着什么。不要错误地定义你理想的对象是多么特别的人，而忽略了自己所渴望的生活的真实本质。进一步明确你想要的是感受、情感还是体验，然后画出那张“脸”。

第二，用你希望的被爱方式来爱自己，为自己说些自己喜欢的话，做些自己向往的美好的事情。要知道，当你善待自己的时候，别人往往会用同样的方式善待你。

第三，用你希望被爱的方式去爱别人。要想为你渴望的爱情关系打下一个坚实的基础，就要用你喜欢被爱的方式去爱别人。因为人与人之间是相互的，吸引也是相互的，你渴望得到爱，就要学会付出你的爱。这是获得美满爱情的另一个有效办法。

第四，如果你对当前的爱情不满意，审视一下自己，是不是经常空谈自己的伴侣。有可能你无意识地就将自己的伴侣限定了，总是想着他从前是什么样子，而没有为他可能改变的形象留有思维空间。如果是这样，快回到现实中来吧！

第五，敞开你的心扉，放开你的思想。随时触摸你内在的想法，包括你的情感、内在的感受和直觉，并尊重它的指引，正如一首歌中所唱："跟着感觉走，让它带着我，心情就像风一样自由……"

第六，放弃没有意义的事物。为了迎接你美好的期望，如一段浪漫的爱情、天长地久的婚姻等，你一定要抛开使你情绪低落的事物，把所有让你感觉不好的事物统统抛弃。这样，你才能"腾出空间"，让生活为你带来一些更好的事物。

事实上，人海茫茫，两个人真正走到一起，并能一直携手走到人生的尽头，除了保持彼此在生活、感情上的积极期望外，还要注意保持自身的吸引力，或者提升自身的吸引力。

任何时候，微笑都是保持吸引力的良方。无论在婚前还是在婚后，你的微笑往往胜过千言万语，总会让对方心情愉悦。

还有，在对方需要的时候，你要学会倾听。无论他是烦闷还是高兴，听听他的心里话，这样利于你们能有更深层次的共识。

此外，最好不要在对方面前提你的旧情人，因为那样很容易会伤到你现在的另一半。

定律85

互补定律：

各有所长，
互相吸引

定律阐释

互补定律，指在需要、性格、兴趣、气质、能力、特长和思想观念等方面，如果存在差异，而双方的需要和满足途径又正好是互补关系，就可以相互吸引。

充满“差异”的爱情吸引

走在大街上，我们常看到这样的景象：亭亭玉立的美女，总是挽着一个长相普通的男人；潇洒有型的帅哥，往往搂着一个其貌不扬的女人。为什么会有这样奇怪而又普遍的组合？是美的那方喜欢被丑的那方衬托的感觉，还是丑的那方喜欢做陪衬的感觉，或者是他们因为自己的另一半是个美人或帅哥而感到自豪，会更加珍惜？其实，这就是互补定律的表现。

除了上面的现象，生活中还有很多基于互补关系缔结的婚姻。比如，一个支配型的男人娶了一个依赖型的女人做妻子，一个泼辣型女人嫁给一个沉默型男人，等等。

其实，在爱情上，双方因差异而互补，因互补而结合，并不足为奇。因为，男女本身就是互补的。男人阳刚，可以给女人安全感；女人阴柔，能激起男人的保护欲。曾有一项针对 25 对结婚多年的夫妻进行的追踪调查研究表明：夫妻间需求的相互补充是婚姻关系得以维持长久的基础。

通常，互补可分为两种情况。一种是：交往中的一方能满足另一方的某种需要，或者弥补某种短处，那么前者就会对后者产生吸引力。比如，依赖性特别强的人愿意和独立的人在一起生活等。另一种是：因为别人的某一特点满足了你的理想，而增加了你对他的喜欢程度。比如，一个看重学历的人，自己又没有拿高学历的机会，往往希望对方能拿到高学历等。

因为我们每个人都与生俱来地具有一些缺点，所以为了弥补自己的不足，我们在寻求生活伴侣的时候，往往注意寻找能弥补自己缺点的人，从而实现所谓的“强强联合”。

理性“互补”，**让“不合”变“和谐”**

如今，不少人把分手和离婚的理由归结为“性格不合”。其实，所谓的“性格不合”的分道扬镳完全可以巧妙地转化为配合默契的“互补式爱情（婚姻）”。

当所谓的“不合”出现后，双方彼此经过沟通和努力，发现了对方身上更多吸引自己的地方，并自愿地改变和提升自身某些习惯及行为，最终双方就可以因“互补”而感到爱情或婚姻的幸福，达到和谐。

在现实世界里，爱情和婚姻出现双方某些方面的不合，肯定是在所难免的。因为每个人的性格特征、爱好兴趣等都不尽相同，都有各自的独立性。那么，我们如何将彼此间不和谐的因素变成互补的关系呢？

第一，也是最重要的一点，我们要对自己的性格和对方的性格都有正确的认识，并能够尊重彼此的性格。性格是人对事物所表现的经常的、较稳定的理智和情绪倾向，并无优劣之分。不同于品德，不同的性格各有不同的长处和短处。例如，外向的人开朗，但做事很容易急躁；内向的人沉稳，但做事往往没有魄力。

第二，在相处的日子里，彼此要懂得扬长避短、异质互补。夫妻也好，情侣也好，双方之间的经历、兴趣和脾气不同，即所谓的“异质”，这些是可以互补的。但是，人的性格就很难改变了，正所谓“江山易改，本性难移”，所以双方应该注意逐渐改善自己的不足之处，而不是千方百计地去改造对方。要学着互相尊重，互相帮助，这样双方才会和谐、美满，实现“优势互补”。

第三，平时双方一定要多沟通、多交流。当你们之间出现争吵或分歧时，不要一味地去想对方的不足，用各种言语去喋喋不休地指责对方，要看看自己是否也想到了对方的需求，把各自的内心摆出来，使彼此之间更加了解、更加和谐。

很多人认为，谈恋爱时，彼此的优点是对方非常欣赏的，彼此的缺点是对方可以包容的；结婚久了，彼此的优点是对方不屑一顾的，彼此的缺点是对方无法包容的。其实，说到底，都是我们自己看待对方的角度变了、心态变了，于是，“互补”变成了“差异”“分歧”，爱情变成了痛苦的忍受。所以，我们要理智地控制自己的思想，多想想当初对方令你倾慕的优点，多回味这么多年对方为你付出的点点滴滴，唤醒自己那颗被爱充溢许久而麻木的心，这样才能开心地“执子之手，与子偕老”。

此外，中国还有句话，叫“距离产生美”。在审美过程中，只有当主体和对象之间保持一种恰如其分的心理距离时，对象对于主体才是美的。那么，我们又何必强行去改造对方，让对方与自己一致呢？给彼此留一点儿属于自己的空间和特色，让大家都变得美丽起来。

定律86

布里丹毛驴效应：

真爱一个人，就不要优柔寡断

定律阐释

布里丹毛驴效应，指决策过程中犹豫不定、迟疑不决的现象。很多时候，机会稍纵即逝，并不会留下足够的时间让我们去反复思考，反而要求我们当机立断，迅速决策。如果我们犹豫不决，就会两手空空，一无所获。

优柔寡断，爱将无法选择

我们总是认为优柔寡断是女人最大的通病，尤其是当她们身处爱情的迷城的时候。然而，现实生活中，在抉择伴侣的时候，不光是女人，男人也一样，总是东想西想，不知所措，害怕一时做错决定，选错了人，造成自己终生遗憾。

诺贝尔文学奖得主萧伯纳曾说过："此时此刻在地球上，约有两万个人适合当你的人生伴侣，就看你先遇到哪一个。如果在第二个理想伴侣出现之前，你已经跟前一个人发展出相知相惜、互相信赖的深层关系，那后者就会变成你的好朋友。但是，若你跟前一个人没有培养出深层关系，感情就容易动摇、变心。直到你与这些理想伴侣候选人的其中一位拥有稳固的深情，才是幸福的开始、漂泊的结束。”

也就是说，爱上一个人或许不需要靠努力，只要彼此有缘分、有感觉，就可以产生爱意；但是，想持续地爱一个人，就要靠长期的努力了。

我们许多人总是为“缘分”所迷惑、苦恼，而忘记了要拥有天长地久的爱情，首先要在茫茫人海中选择一个愿意与自己天长地久的伴侣。因此，不要去追问到底谁才是你的Mr. Right，而是要追问在眼前可选的范围内，你要选择哪一个，该选择哪一个。在爱情上，若没有做出选择的勇气和能力，就算Mr. Right出现在你身边，幸福依然会与你擦肩而过。总是活在优柔寡断之中，迟迟不肯做出选择，爱连开始的机会都没有，怎么可能天长地久呢？

事实上，人们往往不易察觉感情中的一个陷阱，就是“越挑眼越花”，新鲜的“缘分”虽然表面上看起来是那么动人可爱，但长此以往，留给自己的除了回忆还是回忆，除了遗憾还是遗憾。

千万不要因为贪图频繁的“缘分”而迷失了自己，一次次地错放了幸

福温暖的手。

那么，如果此刻你还没有确定与自己厮守一生的伴侣，就不要再优柔寡断了，敞开你的心扉，拿出你的勇气，做出你的选择吧！

弱水三千，**只取一瓢饮**

电视连续剧《倚天屠龙记》，想必大家都非常熟悉了，尤其是里面的张无忌，在数个爱着自己的女人间犹豫徘徊，似乎希望能选择所有的女人的情节，更是让人记忆深刻。

不过，当谢逊在山顶问张无忌最在意谁之后，张无忌思量许久得到了答案："弱水三千，只取一瓢饮。"那时，他才真正清楚地发现，自己心里最在乎、最不能失去的是赵敏。

如果不是谢逊的那一问，如果没有出现刑场的那一次无能为力，张无忌可能会糊里糊涂地徘徊一辈子，继续伤害那两个为爱痴狂的无辜女子。

在感情上，人难免会有些自私。正如周芷若某晚在少林寺质问张无忌到底最爱谁时，他说出了一个大多数男人都会幻想的答案：如果小昭、蛛儿、周芷若和赵敏四个女人都在，那该多好啊！

然而，现实里，爱情往往就是一道单选题，你不能拥有所有曾让你动心的人，必须做一种割舍，做一种比较，留下最不能失去的那一个，其余的就只好割舍，当作生命中的一次偶遇、一次美好的邂逅。

这就是爱情中的布里丹毛驴效应。如果不止一个人出现在你的爱情世界，你妄图把他们统统选择，那么这种贪婪注定你哪一个都不会得到，反而只会令自己伤神费力，筋疲力尽。

如今，有些人认为，这个世界在变，爱情也在变。我们身边总是时不时地出现爱我们的人和我们爱的人，但这两种人却往往不重合。当我们可以自由地追逐爱情、选择情人时，爱情也就变得越来越不稳定。

从某种程度上讲，婚姻作为一种社会形态，将我们的爱情以家庭的形式固定下来，是人们内心对激情、对真爱渴望的一种体现。即使我们不能保证自己一生只爱一个人，但当诸多选择出现时，我们一次只能爱一个人，选择一个人步入婚姻的殿堂。

同时，无论从道德角度，还是从良知角度，我们在爱着一个人的时候，就要对这份爱负责，为这份爱守节。

这就如同《红楼梦》第九十一回中，黛玉与宝玉那段非常经典的爱情对白。黛玉问："宝姐姐和你好你怎么样？宝姐姐不和你好你怎么样？宝姐姐前儿和你好，如今不和你好你怎么样？今儿和你好，后来不和你好你怎么样？你和她好她偏不和你好你怎么样？你不和她好她偏要和你好你怎么样？"宝玉呆了半晌，忽然大笑道："任凭弱水三千，我只取一瓢饮……"

定律87

视觉定律：

女人远看才美，男人近看才识

定律阐释

视觉定律，是指不同事物都有一个特定的审美距离。在两性交往中，女人要远看才能发现她的美，男人要近看才能了解他的思想。

女人要远看，男人要近看

女人是水做的，“可远观而不可亵玩焉”，远远地看着，像画一样；每天对着，就缺乏了新鲜感。这就是距离的力量，有距离才能产生美。俗话说：“看景不如听景。”从来没有真正近距离的接触，只是远远地听别人描述那优美的景色，你的想象会比那描述更美上十倍；一旦你真正近距离地欣赏了那听到的美景，你会发现根本不是你想的那样，与你以前看过的风景比起来也没有特别之处。其实，不是那些地方不美，是你想象的景色过于美，美到并非人间所有，理想与现实的落差让你失望了。美女也是一样，从没有近距离地接触过，只敢远远地看着，她在你心中会越来越美。而当有一天，她成了你的朋友或女友，你天天那么近地看着她，你会发现她与别的女人也没有多大差别，长得也不是那么漂亮。所以，老人们常说："长得好看的人越看越一般。"就是这个道理。

男人是要近看的，不与他深入接触，你永远也看不到他真正的思想光辉。不要轻信男人的那些花言巧语和夸夸其谈，要真正地与其进行内心交流，才能看出他是否真的有内涵。

十全十美的白马王子在现实生活中是不存在的，但真正的好男人这个世界上并不少，少的只是发现。什么样的才算是好男人？千人千面，万人万解，但无论是什么样的男人，都只有真正地接触后才能识其真面目。思想是一个男人最强的隐蔽力量，是做人的智慧与谋略。男人有思想，才能积极主动地创造成功的机会，寻找生活中的快乐，从而打造丰富多彩的人生。女人要看懂一个男人，就不得不深入到他的思想中，不然就无法见识他的全部魅力。

男人不是因为他生来是一个男性，就称得上一个男人了。一个男人有时候只有在一个女人的身边，才可能完整地展示出属于男人的阳刚。有些男人善于卖弄，华而不实，如果你仅被他的外在表现迷惑，那就离危险不远了。男人可以不漂亮，但不能没有思想、没有品质、没有责任心。

女人要远看，是从美学角度来说的；男人要近看，是从现实角度来考虑的。人总是会把自己最美好的一面呈现在大家面前，但有些男人不懂得表现，他们总是把自己最美的思想藏得很深，这就需要独具慧眼的女性去挖掘宝藏。女人是美的化身，但人无完人，每个女人身上多少都有些坏毛病，不要拿你理想中的女神来要求她们，这样你会发现每个女人都是美的。

欣赏男人往往需要时间去发掘，男人对家庭、对社会的影响很大，所以造成的危害也大，只有深入了男人的思想，才能看到他的全部。善于卖弄的男人最初或许会令女人着迷，但是他们无法给予女人持久的爱情。

远近得当，才能生活融洽

有距离，才有美感。很多婚姻的触礁，原因就在于妻子和丈夫走得太近；恋爱中出现问题，很多也是因为双方整天黏在一起。太近的距离让双方的缺点暴露无遗，少了那种朦胧的美感。

男人爱女人，很多是因为女人的美貌，但过日子不是只靠脸就行的。只有美丽的内在才能真正长久地抓住一个男人的心。

女人如书，容貌是书的封面，气质是书的内容。仅有漂亮的外貌却缺乏内涵气质的女人，这样的书尽管封面装帧很漂亮，但并不具有“可读”性；相反，既有美的外貌又有美的气质的女人才是既可观赏又耐品读的珍品书。所以，把你用来美容打扮的时间，分一半用来装饰内在，岂不是更好？这样无论远看近看，你都是美丽的女人。

当然，这是针对女人自身修养来说的。另外，男士们还要与妻子保持一定的距离，不要让双方离得太近，也不要对妻子的缺点过于苛刻，她本来就不是“天外飞仙”，你不能用你以前幻想的那个完美形象来要求自己的妻子，这样不公平。给双方一点空间，懂得欣赏妻子的优点，这样才会让生活更融洽。

对于男人来说，好男人是不能用统一标准来划分的。同样的特性放在这个男人身上是优点，放在那个男人身上可能就是缺点了。世事的不确定与变化，使人们的性格千奇百怪，世界也变得多姿多彩。也许一个男人会因为少了聪慧多变而成就了他的敦厚质朴，也许一个男人会因为心地善良而事业无成。

男人如书。从外观上讲，书有厚薄之分、装帧堂皇与简约之别，男人也有魁梧与矮小、俊朗与猥琐之别；从内容上说，书分高雅和平庸、厚重与浅薄，男人更有内涵深厚与腹内草莽之分。男人如书，有的可以终生为伴，相濡以沫；有的只能默默祝祷，遥遥相望；有的则唯愿此生不与之谋面。读书是需要时间的，好书多读才能懂。

因此，男女双方要学会欣赏与被欣赏，要懂得保持最适当的距离来欣赏和被欣赏。俗话说，金无足赤，人无完人。完美只是相对的，唯有缺憾才是绝对的。欣赏他人的时候，要懂得找到最佳的距离；被欣赏时，也要尽量保持最佳距离，该远则远，该近则近。

《圣经》中上帝对男人和女人说：“你们

要共进早餐，但不要在同一碗中分享；你们要共享欢乐，但不要在同一杯中啜饮。像一把琴上的两根弦，你们是分开的也是分不开的；像一座神殿的两根柱子，你们是独立的也是不能独立的。”

这段话形象地说明了婚姻关系中的两个人的韧性关系，拉得开，但又扯不断。谁也不能过度地束缚对方，也不能彼此互不关心，有爱，但是都在适度的范围之内，这才是和谐的婚姻。可是很多人似乎并不能体会到婚姻的真谛，在他们眼里，对方身上有很多缺点，他们常常试图通过各种途径让对方改掉坏习惯，可是习惯是日积月累形成的，当然不会轻易改掉，于是夫妻之间的矛盾就产生了。

夫妻之间产生争执的主要原因，是他们把婚姻当成一把雕刻刀，时时刻刻都想按照自己的要求用这把刀去雕塑对方。为了达到这个理想，在婚姻生活中，当然就希望甚至迫使对方摒除以往的习惯和言行，以符合自己心中的理想形象。但是有谁愿意被雕塑成一个失去自我的人呢？于是，个性不合、志向不同就成了雕刻刀下的“成品”，离婚就成了唯一的出路。

要知道，婚姻不是一个人的付出，只有两个人同心协力，才能维护好一个温暖的家。可是并不是所有的人都能注意到对方的付出，甚至有的人会把对方的付出看作是理所当然的。如果对方稍微有什么地方做得不好，就加以指责，这样的做法无疑会伤害对方的心，会让对方觉得一切的努力都付之东流了。

爱一个人，就应该让对方感觉到幸福，而不是要给对方原本疲惫的心灵增加新的创伤。所以，在夫妻生活中，一定要相互扶持，相互欣赏，相互鼓励。虽然因为个性的不同，两个人没有办法完全融为一体，但是一定要让对方感受到你的存在，让对方体会到你的欣赏和爱护。在对方犯错的时候，给予善意的提醒，而非指责，有时候一个善意的眼神会让对方觉得很温暖；在对方犯傻的时候，给予适当的爱抚，告诉对方“你真可爱”，一句看似不经意的话语，却可以激起爱的涟漪，让对方感受到你的体贴。

每个人都会有缺点，但是相爱的人却能在对方的缺点中找寻闪光点，在对方的不足中寻找到内心的满足。欣赏的眼光，总是能让爱情变得更甜，让婚姻变得更美。

定律88

虚入效应：

爱就要勇敢地“乘虚而入”

定律阐释

虚入效应，即乘虚而入，指趁他人遇到感情危机时，对其关爱有加，以博得其好感，最终获得其全部感情的现象。

爱她（他），要在她（他）最需要你的时候出现

乘虚而入，原是军事上常用的战术。两军作战，趁敌人没有防备的时候进攻或进攻敌人防备较弱的地区，这样胜算就比较大。在感情上，当他人失恋或失意时，表达对他人的关心，往往会收到意想不到的效果。

芳是一个美丽而清高的女子，喜欢她的男子不计其数，但她都不正眼看一眼，她想要的是事业的成功、社会的名望。她的美貌给她带来了很多机会，也让她遭受了许多非难。女上司

不喜欢她，女同事们更是把她当作眼中钉。女上司无缘由的训斥，女同事无休止的捉弄，再加上繁重的工作，让芳彻底崩溃，病倒了。强是芳的同事，暗恋芳已久。得知芳病了后，强每天早晚都在医院陪伴芳、照顾芳，给芳讲笑话逗她乐，给她讲故事鼓励她，让芳重新恢复了对生活和工作的信心。芳病好后，和强一起出现在公司众人的面前，这让公司里的人惊讶不已。大家都想不通，如此普通的强怎么打动了芳的心？其实，道理很简单，强就是用了“乘虚而入”这一招，在芳最需要人关心的时候关心了她。

爱情需要感觉，一见钟情很美妙；爱情需要默契，心有灵犀很惬意。爱情需要手段，只要能带给你爱的人幸福而不是伤害，“乘虚而入”也没什么不好。爱情需要竞争，胜利的果实让人回味无穷，但竞争不是不择手段，胜利无需处心积虑，只要能恰当地把握时机，你就能摘到你想要的果实。

在文学作品和影视作品中，有很多“乘虚而入”最后得逞的角色，但描述和表现这样的角色时总是带着讽刺和鄙视，人们在看这类人时，也觉得他们太过有心机，甚至很卑鄙。而在现实生活中，这个招数在追求心爱的人时却屡试不爽。为什么人们鄙视它，又不断运用它呢？因为爱情是可望而不可求的，你能遇到你爱的人的机会更是微乎其微，如果不想方设法把他（她）抓住，那么很可能你这辈子都再也遇不到让你动心的人了。谁会冒这个险呢？谁都知道“乘虚而入”这招最管用，在他（她）最需要人关心的时候出现在他（她）面前，关心、鼓励他（她），何愁他（她）不感动？

其实，“乘虚而入”没什么不好，只要你清楚那个人是你爱的，你可以给他（她）幸福。有些人只是为了满足自己一时的私欲，乘人之危，加害于人，这真是太可恨。像《水浒传》中的高俅的义子高衙内就是这样一个可恨的人，他无意中看上了林冲的妻子，就想霸占他人之妻，几次三番想置林冲于死地，好达成霸占林冲妻子的目的。这样的人，才是真正应该受到鄙视的人。

懂得付出，爱终究会有回报

爱一个人就要懂得付出，这种付出不是指天天黏着你爱的人，而是时时关心、默默对他（她）好，而不给他（她）的生活造成困扰。当他（她）遇到困难、出现危难时，立即挺身而出，为他（她）解决一切麻烦。保护他（她），爱护他（她），而不求任何回报，这就是真爱。越是甘心付出、不求回报的人，往往越能得到上天的垂怜。

园是一个光芒四射的女孩，她活泼可爱，面容姣好，举止大方，能歌善舞，身边总是围着一群男生，争着为她献殷勤，而磊却总是默默地躲在一边，看着园。如果园不小心滑了一跤，在其他男生还没反应过来的时候，磊已经一个箭步冲到园的跟前扶住了她，然后又什么也不说就走了。园第二天要参加歌唱比赛，前一天她的桌柜里肯定会出现一盒金嗓子。园想报考GRE，磊就把自己考试的心得悄悄放在园的桌柜里。在一次舞蹈比赛中，园正忘情地跳着，却不小心踩到了一颗本不应该出现在舞台上的玻璃珠，脚下一滑，重重地摔在台上。接下来的事，她就不知道了。是磊，飞快地奔到台上，抱起园就往附近的医院跑。到了医院，医生及时地把园送到急诊室进行治疗，而磊也因为过度疲劳而晕倒了。幸运的是，园只是扭伤了脚踝，没有脑震荡，没有后遗症。磊醒后，就一直陪在园的病床边。园睁开眼，第一个看到的就是磊，什么都明白了，泪顺着她的脸颊流下来。他们走在了一起。

其实，爱情无须太多计谋，只要愿意为你爱的人全心付出，那么她最终会投进你的怀抱，即使两人最后没有走到一起你也没有遗憾。在这个快餐式的社会里，一切都喜欢快节奏，像磊这样只知道付出而不讲回报的人越来越少了。人们都害怕受伤害，喜欢计较得失，男男女女都在打着自己的小算盘，“算计”着自己的伴侣。何必呢？这样双方都会受伤。

“乘虚而入”是个很好的爱情计谋，但是只有你关注这个人，你才懂得什么时候是“虚”。其实“乘虚而入”，也可以说是“乘需而入”，只要你全心地付出，时刻关注，总会有让你“乘虚而入”的机会。

定律89

因果定律：

种下幸福，收获幸福

定律阐释

因果定律，由苏格拉底提出。该定律认为，每个结果都有一个特定的原因或者多个原因，今天的结果是昨天造成的，今天又为明天种下了因。

活在当下，让今天成为明天的幸福理由

著名哲学家培根曾说过："懂得事物因果的人是幸福的。"正如同"物有本末，事有终始""种瓜得瓜，种豆得豆"的道理一样，如果我们想收获幸福，就先要种下幸福的种子。

如果你觉得生活沉闷，就应该检查一下自己付出了多少。从来没听人说："我天天早睡早起，经常做运动，不断充实自己，培养人际关系，并且尽心尽力地工作，然而生活中却没有一件好事。"生活是一个因果循环系统，如果生活中一点好事都没有，

那就是你的错了。只要你了解你的现状是自己一手造成的，你就不再会觉得自己是受害者。

也许你会反驳说：“生活中，有的人过着平淡的日子，同样感觉很幸福；而有的人成绩斐然，却觉得幸福离自己很遥远。明显不符合因果定律。”其实，之所以出现这样看上去似乎因果相悖的现象，是因为幸福感是一种非常主观的情感体验。

美国知名心理学家、宾夕法尼亚大学教授马丁·瑟里格曼表示，幸福 = 快乐 + 意图 + 参与。他告诉我们，幸福并不是空等来的，不是被动地期盼来的，而是需要你具有快乐的能力、获取幸福的意图，并能积极地参与。如果你觉得自己现在还不够幸福，那就该清醒地审视自己了。要知道，一味地抱怨或叹息过去根本毫无意义，与其低落、萎靡，不如珍惜当下，积极生活，让“今天”成为“明天”的幸福理由。

其实，无论生活是平淡，是忙碌，或是没有理想中的好，都要从中给自己找一个幸福的理由。例如，昨晚做了一个好梦，今天是个阳光灿烂的好天气，刚刚做了一个漂亮的新发型，工作上感觉到一些进步，朋友的一个问候……这些小小的幸福连缀在一起，就像一条幸福的珠链，令你的日常生活滋润、充实而美好，同时也会让你的思想走向积极的一面。

人们都认为法国人的幸福感很强，这主要是由于法国人将艺术家气质注入生活，用艺术之美点染人生。众所周知，每个艺术家在创造作品时，感受着来自生

命本身的创造乐趣，所以欣赏这些作品的人可以同创造者产生共振、共鸣。当你从忙碌的工作中偷得浮生半日闲，不妨将自己置身于艺术的海洋，可以从画作缤纷的色彩、音乐优美的旋律、雕塑充满美感的线条中感悟世界之美、艺术之美，从而体味生活中的幸福感。

善待他人就是善待自己

从因果定律出发，除了善待自己会得到幸福外，善待他人也会得到幸福。对他人友善，就是种下幸福的种子，待到种子开花结果，自己也就收获了幸福。

有一天，一个贫穷的小男孩为了攒够学费正挨家挨户地推销商品。劳累了一整天的他此时感到十分饥饿，但摸遍全身，却只有一毛钱。怎么办呢？他决定向下一户人家讨口饭吃。当一位美丽的女孩打开房门的时候，这个小男孩却有点儿不知所措了，他没有要饭，只乞求给他一口水喝。这位女孩看到他很饥饿的样子，就拿了一大杯牛奶给他。男孩慢慢地喝完牛奶，问道："我应该付多少钱？"女孩回答道："一分钱也不用付。妈妈教导我们，施以爱心，不图回报。"男孩说："那么，就请接受我由衷的感谢吧！"说完男孩离开了这户人家。此时，他不仅感到自己浑身是劲儿，而且还看到上帝正朝他点头微笑。

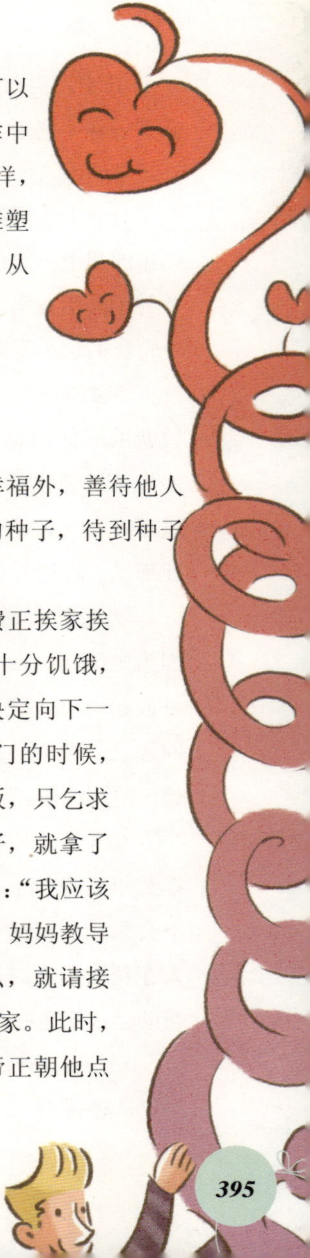

其实，男孩本来是打算退学的，但喝完小女孩送给他的那满满一杯牛奶后，他放弃了这个念头。

数年之后，那位美丽的女孩得了一种罕见的重病，当地的医生对此束手无策。最后她被转到大城市医治，由专家会诊治疗。当年的那个小男孩如今已是大名鼎鼎的霍华德·凯利医生，他也参与了医治方案的制订。当看到病历上所写的病人的来历时，一个奇怪的念头霎时闪过他的脑际，他马上起身直奔病房。

来到病房，凯利医生一眼就认出床上躺着的病人就是那位曾帮助过他的恩人。他回到自己的办公室，决心一定要竭尽所能来治好恩人的病，从那天起，他就特别地关照这个病人。经过艰辛努力，手术成功了。凯利医生要求把医药费通知单送到他那里，在通知单上，他签了字。

当医药费通知单送到这位特殊的病人手中时，她不敢看，因为她确信，治病的费用将会花去她的全部家当。最后，她还是鼓起勇气，翻开了医药费通知单，旁边的那行小字引起了她的注意，她不禁轻声读了出来："医药费——一满杯牛奶。霍华德·凯利医生。"

恐怕连小女孩自己都不敢相信，就是当年一杯满满的牛奶，在数年后挽救了自己的生命。现实生活中，很多人活一辈子都不会想到，自己在帮助别人时，其实就等于帮助了自己。一个人在帮助别人时，无形之中就已经投资了感情，别人对于你的帮助会永记在心，只要一有机会，他们会主动报答。

所以，任何一种真诚而博大的爱都会在现实中得到应有的回报，善待别人，就等于善待自己。

定律90

史华兹论断：

幸与不幸，
全在于你

定律阐释

史华兹论断，由美国管理心理学家D.史华兹提出，所有的不幸事件都只有在我们认为它不幸的情况下，才会真正成为不幸事件。

从“塞翁失马”到“不幸中的万幸”

两只小鸟在天空中飞行，其中一只不小心折断了翅膀。无奈，它只好就地栖息疗伤，让另一只小鸟独自前行。另一只小鸟觉得伙伴受了伤，太不幸了，可谁料，本以为很幸运的自己，没飞多远就惨死在猎人的枪口下。

世事往往就是这样，幸福总喜欢披着一件不幸的外套走进我们的生活。

战国时期，一位老人养了许多马。

一天，他的马群中忽然有一匹马走失了。邻居们听说后，便跑来安慰老人，可老人却笑道："丢了一匹马损失不大，没准会带来什么福气呢。"大家觉得老人的话很好笑，马丢了明明是件坏事，却说也许是好事。

几天后，老人丢失的马不仅自动返回家，还带回来一匹匈奴的骏马。邻居听说了，对老人的预见非常佩服，前来向老人道贺说："还是您有远见，马不仅没有丢，还带回一匹好马，真是福气呀。"出人意料的是，老人听了反而忧虑地说："白白得了一匹好马，不一定是什么福气，也许会惹出什么麻烦来。"大家觉得老人是故作姿态，白捡一匹马心里明明应该高兴，却偏要说反话。

突然有一天，老人的儿子从那匹匈奴骏马的马背上跌下来，摔断了腿。邻居听说后，又纷纷来慰问。老人说："没什么，腿摔断了却保住了性命，或许是福气呢。"这次，大家都觉得他又在胡言乱语，摔断腿会带来什么福气？

不久，匈奴兵大举入侵，青年人都应征入伍，老人的儿子因为摔断了腿，不能去当兵。入伍的青年都战死了，唯有老人的儿子保全了性命。

这个故事，就是我们所熟知的"塞翁失马，焉知非福"。它告诉我们，好事与坏事都不是绝对的，在一定的条件下，坏事可以引出好的结果，好事也可能会引出坏的结果。

很多时候，幸福也是一样，总是蕴藏在不幸的外表下面。其实，从心理学角度讲，所有的不幸事件，只有在我们认为它不幸的情况下，才会真正成为不幸事件。与之类似，还有我们常说的“不幸中的万幸”的故事。

我们能不能获得幸福？现在是在不幸中挣扎，还是在幸福中陶醉？将来是步入幸福，还是陷入不幸？答案往往只有我们自己能回答。

能从不幸中看幸福，就会别有洞天

虽然世界是现实的，但看不见、摸不到的命运却一直藏匿在我们的思想里。我们若能懂得从不幸中看幸福，那么，你就会发现，原来结局别有洞天。

正如心理学家哈利·爱默生·佛斯迪克博士所指出的：“生动地把自己想象成失败者，这就足以使你不能取胜；生动地把自己想象成胜利者，将带来无法估量的成功。伟大的人生以想象中的图画——你希望成就什么事业、做一个什么样的人——作为开端。”很多伟大人物的成功，就是凭借这样一种智慧的心态取得的。

瑞典发明家奥莱夫，出生在伐姆兰省的一个小乡村，父母都是最贫苦的佃农。

奥莱夫出生的时候，家里一贫如洗，最值钱的财产就是一支鸟枪和三只鹅。当时，一位身着华丽衣服的亲戚抱着自己的儿子，讥笑奥莱夫的父母说：“你们那儿子生下来就注定是一个看鹅的穷鬼！”

奥莱夫的父母听后，气愤地说：“只需要20年时间，我们的奥莱夫肯定会成为富翁，到时候，他会雇你的儿子帕尔丁当

马夫的。”

要知道，20年只是正常人生的1/4。从奥莱夫6岁起，父亲就让他读路德的《训言集》，教育他对自己的人生目标进行定位，使每个小时都服务于这个目标。

奥莱夫没有让父母失望，上中学后他就懂得把时间分配得细致精密，使每年、每月、每天和每小时都有它的具体任务。在一篇作文里，奥莱夫自信地写下："奥莱夫将来一定是国家的栋梁！谁盗窃奥莱夫一分钟的时间，谁就是盗窃瑞典！"

言如其实，20岁的时候，奥莱夫就创造了一项重大发明，并且很快成了瑞典数一数二的发明家和富翁。

奥莱夫的成功，深刻地告诉我们：遇到所谓的"不幸"并不是什么可怕的事情，关键是我们如何去看待它，如何对待它。

事实上，时间是永不停息的，世界是不断发展、变化的，所以没有什么"幸"与"不幸"是永恒不变的，我们只有学会从不幸中看到幸福，采取有效的措施扭转大家所谓的"不幸"的趋势，自信地找准一个方向，并耐心地、努力地坚持下去，幸福与成功便会水到渠成。

任何时代、任何事件，都是无所谓好坏的，眼前的一切不过是时间轴上的一个点。学会放眼前方，用心去寻找、去捕捉那蕴于不幸中的幸福，我们最终会发现，在这个无限延伸、充满变数的轴线上，自己真的得到了幸福。

定律91

罗伯特定理：走出消极旋涡，不要被自己打败

定律阐释

罗伯特定理，由美国史学家卡维特·罗伯特提出：没有人因倒下或沮丧而失败，只有他们一直倒下或消极才会失败。

生命的阳光别被悲观阻挡

有一个对生活极度厌倦的绝望少女，她打算以投湖的方式自杀。在湖边她遇到了一位正在写生的老画家，老画家正专心致志地画着一幅画。少女厌恶极了，她鄙薄地看了老画家一眼，心想：幼稚，那鬼一样狰狞的山有什么好画的？那坟场一样荒废的湖有什么好画的？

老画家似乎注意到了少女的存在和情绪，他依然专心致志、神情怡然地画着。过了一会儿，他说："姑娘，来看看画吧。"她走过去，傲慢地睨视着老画家和他手里的画。少女被吸引了，

竟然将自杀的事忘得一干二净，她没料到世界上还有那样美丽的画面——他将“坟场一样”的湖面画成了天上的宫殿，将“鬼一样狰狞”的山画成了美丽的、长着翅膀的女人，最后将这幅画命名为《生活》。这时，老画家突然挥笔在这幅美丽的画上点了一些黑点，似污泥，又像蚊蝇。少女惊喜地说:“星辰和花瓣！”老画家满意地笑了：“是啊，美丽的生活是需要我们自己用心发现的呀！”

一个阳光的人，心情乐观开朗，他的人生态度是积极的，不管在工作中还是在生活上，都能很好地完成任务，因此这类人在这段时间里自我价值的实现也就相对比较多。自我价值实现得越多，自我肯定的成就感也就越多，这样就能拥有一个好的心情，形成一个良性循环。相反，一个心情阴暗的人整天愁眉苦脸地面对生活，不管做什么事情都不积极，甚至错误百出，那么他的自我价值的实现就会越来越少，自我否定的因素就会增加，使心情更加消极抑郁，就成了一个恶性循环。

世界的色彩是随着我们情绪的变化而变化的，你拥有什么样的心情，世界就会向你呈现什么样的颜色。所以，别让悲观挡住了生命的阳光，当你的心情快乐起来的时候，你的世界将会是朗朗晴空。

世上没有过不去的坎

这个世界上没有人能把你打倒，除了你自己；这个世界上没有什么困难能难得倒你，除非你自己放弃。人生道路漫漫，坎坷重重，遇到挫折摔一跤是在所难免的，只是当我们面对挫折时，应当无所畏惧，愈挫愈勇。现在我还记得小时候妈妈说的一句话："跌倒了，自己爬起来！"

无论遇到什么境况，都不应该放弃自己，对自己失去信心。有这么一则故事：

一天傍晚，一位美丽的少妇坐在岸边的一棵大树旁，梳洗着自己的头发，一位老渔夫在湖边泛舟打鱼，这本来是多么美丽的一幅风景画。可是，当渔夫撑船准备划向湖心时，突然听到身后传来"扑通"一声，老渔夫回头一看，原来是那位美丽的妇人投河自尽了。老渔夫急忙调转船头，向少妇落水的地方划去，跳进水里，救起了少妇。渔夫不解地问少妇："你年纪轻轻的，为什么寻短见呢？"少妇哭诉道："我结婚才两年，丈夫就遗弃了我，接着孩子又病死了，您说我活着还有什么意思？""两年前你是怎么生活的？"渔夫问。少妇想了想，眼睛一下变亮了："那时我自由自在，无忧无虑，生活得无比幸福……""那时你有丈夫和孩子吗？""当然没有。""可是现在，你同样是没有丈夫和孩子呀！你只不过是又回到了两年前的状态，现在你又自由自在、无忧无虑了。记住，孩子，那些结束对你来讲应该是一个新的起点。"少妇仔细想了想，猛然

醒悟，她回到了岸上，望着远去的老渔夫，心中又燃起了新的生活希望，从此再也没有寻过短见。

这位少妇的人生遭遇的确很不幸，但是真正让她走上绝路的不是这些不幸，而是她自己，是她放弃了自己。其实，人生会遭遇什么，我们无法控制，我们能控制的就是我们自己的心态，如何来看待这些遭遇。宠辱不惊是一种境界，永不放弃是一种态度。对待我们宝贵的生命，我们应该永不放弃；对待人生的遭遇，我们应该宠辱不惊。

张海迪、桑兰，这些让我们既自豪又羞愧的名字，她们用自己的故事告诉我们：人生，没有过不去的坎，无论怎样，都不能放弃自己。与之形成对比的是，有些人一遇到困难就萎靡不振，有些人甚至被误以为的灾难给害死了。前几年，看报纸上的一则报道，说一个人得了感冒被误诊为癌症，结果没几天这个人就死了。这个人就是被自己给害死的，他以为自己得了癌症肯定活不了，自己先放弃了自己，生命自然也就放弃了他。美国作家欧•亨利在他的小说《最后一片叶子》里也讲了个类似的故事，只是故事里那个放弃了自己生命的病人被一位老画家及时救了回来。这位画家并不是妙手回春的神医，他只是用彩笔画了一片叶脉青翠的树叶挂在病人窗外的树枝上，只因为生命中的这片绿，病人竟奇迹般地活了下来。这就是希望的力量。

人生在世，不可能一切都是一帆风顺的。当你遭遇失败时，当一切似乎都是暗淡无光时，当你的问题看起来似乎不会有什么好的解决办法时，千万不要放弃希望，只要心存信念，勇敢地站起来，你就会看到奇迹发生。

定律92

贝勃定律：

珍惜多少，才真正拥有多少

定律阐释

一个人右手举着300克的砝码，在左手上先放305克的砝码，开始不会觉得有多大差别，直到左手砝码的重量加至306克时才会觉得有些重。如果右手举着600克，这时左手上的重量要达到612克才能感觉到比右手重。

很多事物不是不存在，而是我们没意识到

有两对具有大体相同的成长背景、年龄阶段和交往过程的恋人，都非常恩爱。唯一不同的是，其中一对恋人中的男孩，每个周末都给自己心爱的姑娘送一束红玫瑰；而另一对恋人中的男孩，平时不太送花，每年只在情人节那天向自己心爱的姑娘送去一束红玫瑰。

由于两个男孩的送花频率和时机不同，导致了结果截然不同：

那个在每个周末都收到红玫瑰的姑娘，表现得相当平静。尽管没有大的不满意，但她还是忍不住说了一句："我看到别人送给自己女友大把的'蓝色妖姬'，比普通的红玫瑰漂亮多了，心里真是很羡慕！"

而那个只在情人节接到红玫瑰的姑娘，当手捧着男朋友送来的红玫瑰花时，表现出了被呵护、被关爱的极度甜蜜。

这两对恋人中的女孩，虽然都在情人节那天收到了爱的玫瑰，但每个周末都收到红玫瑰的姑娘对此已习以为常，只有收到比红玫瑰更特别的礼物才能感受到惊喜；那个只在情人节收到红玫瑰的姑娘，红玫瑰对其而言已经足够特别了。学者们将这一现象归结为贝勃定律。

贝勃定律来源于著名心理学家贝勃做过的一个实验：一个人右手举着 300 克的砝码，这时在其左手上放 305 克的砝码，他并不会觉得有多少差别，直到左手砝码的重量加至 306 克时才会觉得有些重；如果右手举着 600 克，这时左手上的重量要达到 612 克才能感觉到比右手重。也就是说，原来的砝码越重，后来就必须加更大的量才能感觉到差别。

贝勃定律在生活中到处可见。比如，5 毛钱一份的晚报突然涨了 5 块钱，那么你会觉得不可思议，无法接受；但是，如果原本 500 万的房产也涨了 5 块，甚至 500 块，你却会觉得价钱根本没有变化。在人类的感情中，交往已久的恋人会抱怨对方没有刚认识时对自己好了；在公交车上，陌生人给你让座你会非常感激，而亲近的人给你让座你却感觉理所当然；一些餐馆在正式开业前总是先试营业几天，看顾客的用餐情况再作调整……这是因为人们的心理都有一个逐渐适应的过程，一旦适应某种定式，就会对此习以为常，要改变这种定式，必须施加比最初更大的刺激力。

聪明的人会利用贝勒定律为自己减轻做事的阻力。例如，商家在调整产品价格总是先小幅度上涨，当人们逐渐接受以后再大幅加价。一般有经验的谈判专家都是在谈判临近结束时才提出一些棘手的条件，而谈判对手被一开始的优厚条款所诱惑，也就不怎么在意后来才接触的那些不利条款了。

贝勃定律告诉我们，要懂得珍惜自己的点滴所得，善待身边的人。

贪欲是一种累赘

很多时候，人们意识不到幸福或某些事物的价值，是因为自己的贪婪之心。“贪”的本义指爱财，“婪”的本义指爱食，贪婪即贪得无厌，是一种过度膨胀的利己欲。贪婪的欲望是无止境的，即所谓“欲壑难填”“人心不足蛇吞象”。贪婪心理具有不可满足性，无论是对待金钱、权力、女色、美食、财产，还是对待其他一切事物，具有这种心理的人永远都是不满足的。

然而，贪欲会使人的精力和体力双重透支，当欲望产生时，再大的胃口都无法填满，贪多的结果只会导致无穷尽的烦恼和麻烦。学会接纳自己、欣赏自己，

使我们从欲念的无底深渊中得到自由，是快乐的始发站。

据说上帝在创造蜈蚣时，并没有为它造脚，但是它仍可以爬得和蛇一样快。有一天，它看到羚羊、梅花鹿和其他有脚的动物都跑得比它还快，心里很不高兴，便嫉妒地说：“哼！脚多当然跑得快。”

于是，它向上帝祷告说：“上帝啊！我希望拥有比其他动物更多的脚。”

上帝答应了蜈蚣的请求。他把好多好多的脚放在蜈蚣面前，任凭它自由取用。

蜈蚣迫不及待地拿起这些脚，一只一只地往身体贴，从头一直贴到尾，直到再也没有地方可贴了，才心有不甘地停止。

它心满意足地看着满身是脚的自己，心中窃喜：“现在我可以像箭一样地飞出去了！”

但是，等它开始跑步时，才发觉自己完全无法控制这些脚，这些脚“噼里啪啦”地各走各的，它非得全神贯注，才能使一大堆脚不致互相绊跌而顺利地往前走。

这样一来，它走得反而比以前慢了。

过度的欲望让蜈蚣步伐缓慢、举步维艰，而人的心里一旦产生过分的欲望，终有一天，也会出现超载的现象，而这种超负荷的结果是不堪设想的。

定律93

杜利奥定律：

拥抱热情，拥有快乐

定律阐释

杜利奥定律，由美国自然科学家、作家杜利奥提出，指没有什么比失去热忱更使人觉得垂垂老矣。也就是说，人的精神状态不佳，一切都将处于不佳状态。

快乐源自自己

生活中，我们总试图通过各种途径寻找快乐。殊不知，无论何时，快乐都是由自己来做主的。

巴辛是一名银行职员，他的心情总是很好，从来没人见过他有烦恼的时候。当有人问他近况如何时，他总会回答："我快乐无比。"

有一天，银行遭遇 3 个持枪歹徒的抢劫，歹徒朝他开了枪。

幸运的是，巴辛被及时送进了急诊室。经过 18 个小时的抢救和几个星期的精心治疗，巴辛出院了，只是仍有小部分弹片留在他体内。

6 个月后，他的一位朋友见到他，问他近况如何，他说："我快乐无比。想不想看看我的伤疤？"朋友看了伤疤，然后问当时他想了些什么。巴辛答道："当我躺在地上时，我对自己说有两个选择：一是死，一是活。我选择了活。医护人员都很好，他们告诉我，我会好的。但在他们把我推进急诊室后，我从他们的眼神中读到了'他是个死人'。我知道我需要采取一些行动。"

"你采取了什么行动？"朋友问。

巴辛说："有个护士大声问我对什么东西过敏。我马上答：'有的。'

这时所有的医生、护士都停下来等我说下去。我深深吸了一口气，然后大声吼道：‘子弹！’在一片大笑声中，我又说道：‘请把我当活人来医，而不是死人。’”

巴辛的故事告诉我们：在任何时候，你都可以改变你对事物的认知和自己的心情，只要你愿意选择积极乐观的想法，你就可以成为快乐的主人。快乐是一种最有价值的珍宝，人们都想得到它，但是总有一些人难以达成自己的这个心愿。

在心理学中，这种现象就是杜利奥定律的一种体现。人的精神状态不佳，一切都将处于不佳状态，但如果总能保持热情和积极的心态，那么人生将无比美好。

学问大家张中行先生曾经说过：“快不快乐，完全是由自己的想法决定的。”其实，生活中不可避免地会发生一些让人伤心或者烦恼的事，但是作为生活主角的我们，应该学会适应自己的处境，不钻牛角尖，乐观地去生活。从心理学的角度来看，这是一种“心理自我调整”。一个善于调整自己心理的人，一定是一个健康的人、一个和谐的人。

所以，如果你现在仍然觉得自己是一个不快乐的人，那就有必要深入地体会一下张中行先生的名言了。也许你觉得做数学题是痛苦的，但是你不能否认，在解出难题的那一瞬间，你的内心中充满了成就感，这就是快乐的一种表现；也许你觉得洗碗是让人厌烦的，但是如果你在洗碗时放一点儿音乐，你也就会体会到身心舒畅的感觉……

快乐是需要自己来体会和创造的，相信这一点的人，才会永远快乐。

怀着热情走进“快乐的城堡”

漫漫人生旅途，我们不可能一直都一帆风顺，不尽如人意的事情总是难以避免的。然而，当我们无法改变客观事实时，不妨通过热情的心理作用，敞开自己的心扉，让快乐走进来。

客观上讲，生活并不会因我们的个人意志而发生太大的变化，但对快乐的感觉却是由我们的心态决定的。如果你始终能怀着热情去生活，那么，即使身处茫茫无边的沙漠，你也会与漫天黄沙交朋友；相反，倘若你对生活缺乏热情，那么即使是沙漠中的绿洲，也难以让你欣喜。

正如叔本华所说：“一个悲观的人，把所有的快乐都看成不快乐，好比美酒到充满胆汁的口中会变苦一样。”所以，人生是幸福还是困厄，生活是快乐还是愁苦，完全取决于你对事物的态度、对生活的看法。与其抱怨、忧愁和苦闷，不如满载热情，珍惜当下，积极地去迎接快乐，让它走进你的生活。

定律94

古特雷定理：

有希望，
一切皆有可能

定律阐释

古特雷定理，由美国著名管理学家古特雷提出，原话是“每一处的出口都是另一处的入口”。也就是说，上一个目标是下一个目标的基础，下一个目标是上一个目标的延续。只要有计划地一个目标一个目标地不断奋进，就没有攀不上的高峰。

步步为营，才能走出迷宫

1928年，美国加州专攻园艺的耶鲁大学博士辛柏森，受美国基督新教美以美会的派遣，来到北戴河海滨。他在这里工作、生活了12年，创办了东山园艺场，引进了苹果、葡萄、李子、樱桃等20多种优良果树；引进了荷兰奶牛、约克夏猪、来航鸡等优良禽畜；还引进和推广了华北绿化先锋灌木——紫穗槐。但真正让他名扬天下的，是他在北戴河建的那座“怪楼”。

“怪楼”其实是幢别墅，只是结构太过离奇古怪，所以在它建好不久，就赢得了“怪楼”的称谓。“怪楼”整体上属于欧洲哥特式建筑，三层五顶，七角八面，楼顶的每一个角都用花岗岩做成尖形墙垛，直插云霄，非常好看。全楼有44个门、46个窗，屋套屋，间套间，大大小小，相通相连，每间屋的出口都是另一间屋的入口。生人进来，三拐两拐，就很难再找着刚刚进来的那个门。走进中间大厅，四周都是大玻璃镜子，往中间一站，到处都是人影，转上一圈，就很难找到出去的门了。地下室正中有一口水井，围绕着井口，修了一个盘旋式楼梯，贯通上下。这水井，就成了别墅里的温度湿度天然调节器——夏季用来降低气温，冬季用来增加湿度；这楼梯，用藤条和果树枝干做成，走上去，松松软软，颤颤悠悠，真是妙趣横生。从修成之日起，它就成了北戴河的一道瑰丽而神秘的风景线，吸引了许许多多的游人前来参观。

人生也像这怪楼一样，看起来像个迷宫，出口与入口却彼此相通。很多时候，我们会迷茫，会彷徨，会不知所措。其实，人生并没有我们想的那么复杂与无奈，目标与理想也不是那么遥不可及、高不可攀。只要我们弄清楚我们要过什么样的人生，然后把这个终极目标拆分成一个一个的小目标，一步一步地去实现每一个小目标，你会发现在不知不觉中，你曾经认为自己怎样也无法完成的目标，竟然莫名其妙地实现了。

生活是路，要一步一个脚印地走，才能找到出口；人生如歌，要一个音符一个音符地提上去，才能找到最高音在哪里。如果你想一口吃个胖子，那现实会告诉你：你是痴心妄想。如果你认为理想只有梦中才能实现，那现实会反驳你：只要一步步地接近，最终你会看到理想就在眼前。

不断攀登，成功没有顶点

“世上无难事，只要肯登攀。”人的潜力是无限的，无论多难的事，只要你一步步地努力去做了，就一定会完成。但很多人之所以在人生的路上摔跤或没有获得很大的成就，很大一方面是由于为自己的一点点小成绩而得意扬扬，停滞不前。其实，他们不明白，人生就是一个不断前进的过程，是一种“没有最好，只有更好”的状态。

“没有最好，只有更好”不仅仅是一句你所听过的广告词，还是一个哲理、一个口号。有一位朋友的口头禅就是“没有最好，只有更好”，而且他一直把它当作自己的座右铭，不断地激励自己不停奋进。这一次他的科研论文又成了整个行业学术的引领篇，但对于他来说，这只是下一个目标的起点。《杜拉拉升职记》中的杜拉拉就是这样一个人，在工作上从没有停止过挑战更高的职位，从不满足于目前的状况，努力提高自己的能力，不断地攀升，不断地登高。

今天的名人或伟人，都是昨天一步步不停攀登的普通人；今天的跨国大企业，在昨天很多也只是一个家庭小作坊。他们之所以会有今天的骄人成就，就是因为他们在达成一个目标后，不是选择享受已有的成果，而是把这个目标作为下个目标的基础，更上一层楼。一个在事业上成功的人，一般都拥有一颗永不满足的心。日本直销天王中岛薰说道：“我向来认为自己最大的敌人就是满足。成功永远只是起点，而不是终点。”百万富翁想当千万富翁，千万富翁想当亿万富翁，亿万富翁想角逐《财富》排行榜。越成功的人，自信心越强，对成功的欲望越强。成功的人已经把成功看成是一种行为习惯、一种思维习惯。

每个人都想成功，但并不是所有的人都能够成功，其主要原因在于追求成功的方法不对。只要找到正确合理的方法，成功并不难，难的是不断挑战新高峰，不把自己已得的成绩看作成功。

其实，成功都是一时的，它只是我们不断前行的基石。人生的大目标都是不断变化的，我们要明白：人生真正的意义就在于不断地进取和攀登，要学会忘掉过去的成绩，因为那已成为历史，只有不断地攀登新的高峰，站在新的起点，才能实现人生新的价值。要知道，成功没有顶点。

定律95

迪斯忠告：

活在当下最重要

定律阐释

迪斯忠告，由美国作家迪斯提出，讲的是：昨天过去了，今天只做今天的事，明天的事暂时不要管。关键是把握好现在。

昨天已经过去，**明天还未到来**

人生说长也长，说短也短。一年365天，如果你把每一天都过好了，那你的人生一定会很精彩。但在日常生活中，却有很多人不是沉浸在对过去的思念中，就是陶醉于对未来的向往，忘记了他们是活在今天的。每一个“今天”都这样过去后，你的人生一定只剩下抱怨和空想。

曾经读过一首诗，觉得非常好：“不要为昨天叹息，不要为明天忧虑。因为明天只是个未来，昨天已成为过去。未来的不知是些什么，过去的只能留作记忆。只有今天，才是你真正拥有的。今天，是你冲锋的阵地。缅怀昨天、把握今天、迎接明天。昨天是成功的阶梯，明天是奋斗的继续。”

过去已无法改变，未来还没有到来，你能把握和拥有的只有现在。所以，与其抱怨过去的虚度，坐待明天的到来，不如奋起努力，把握今天。因为今天就在眼前，珍惜今天，不仅可以弥补昨天的不足和遗憾，更能为迎接明天做好准备。

《哈佛图书馆墙上的训言》中讲过一个这样的故事：

在华盛顿街区的一个屋檐下，有三个乞丐正在聊天。

一个乞丐说：“想当年，我用十万美元炒成了百万富翁，要不是股票暴跌……”另一个乞丐说：“那是多久以前的事啦，还提呢。看着吧，我明天早上到垃圾筒里看看，也许那里面就有张百万美元的支票，哈哈……”第三个乞丐没有言语，他独自走到别处，因为他必须先填饱肚子。而此时，那两个乞丐还在回忆着自己辉煌的过去和构想美好的未来呢。

第二天早上，当人们起来时，发现那两个怀念过去和畅想未来的乞丐都已经没气了，而那个寻食的乞丐，正吃得香呢。

这三个乞丐，代表的就是这世间的三种人：一种人活在过去，一种人活在明天，一种人活在当下。活在过去的人，大多是活在过去的光环里，“当年勇”“昨日功”让他们难以忘记；活在明天的人，都很理想化，没有到来的东西可以任凭我们想象。上了年纪的人都喜欢提过去，因为他们没多少明天好活；年轻人大多都喜欢说明天，因为他们过去没什么经历。而这两种人，大多今天过得都不太好，要用过去的美好记忆或明天的美好期望来安慰今天的失败失意。他们不愿面对现实，害怕面对现实。

其实，无论是怀念过去，还是畅想未来，都不过是自欺欺人的把戏，你的今天已经虚度，你的人生从此又少了一个创造奇迹的机遇。做人就要像第三个乞丐那样，才不会被饿死。

有些人，整天郁郁寡欢，一直抱怨自己过去的不幸，不停地抱怨并未给他带来任何好运，只能让他们的人生更加不幸。因为今天是明天的基础，明天会过成什么样，很大程度上取决于你有没有把握住今天。另一些人整天过得战战兢兢，用今天来为明天担忧，那明天只能为后天担忧。因为你浪费了创造明天的今天，明天自然就会如同你担忧的那般不如意。

“船到桥头自然直，车到山前必有路”，与其担心明天，不如立即行动，让担忧的事情不再发生。

把握现在，**珍惜时间**

库里希坡斯曾说：“过去与未来并不是‘存在’的东西，而是‘存在过’和‘可能存在’的东西。唯一‘存在’的是现在。”莎士比亚也说过：“在时间的大钟上，只有两个字——‘现在’。”可见，现在才是真实存在的，我们能把握的也只有现在。所以，无论对谁来说，都应该珍惜眼前的一分一秒，认真着眼于现在，因为没有现在，也就没有未来。

这世界上存在着很多的不公平，但有一样是公平的，那就是时间。我们每个人每天拥有的时间都是相同的，不同的就是看你有没有把握住。一天的时间，看起来很短，真正利用好了却可以做很多事情。像海伦·凯勒在《假如给我三天光明》中写的那样，短短三天，她做了多少事情，看了多少事物啊。高尔基说过：“时间是最公平合理的，它从不多给谁一分。勤劳者能叫时间留下串串果实，懒惰者时间留给他们一头白发，两手空空。”我们不能让时间停留，但可以每时每刻都做些有意义的事。东汉文学家崔瑗，官至济北相。在他 40 多岁任郡吏时，不幸因事被捕入狱。狱中他听说有一位狱吏精通《礼》，便抓紧一切时间向他学习，当狱吏审讯时也不忘趁机请教有关问题。他的这种对待学习的精神，给我们每个人树立了榜样。

本杰明·富兰克林一生瑰丽传奇，功勋卓著，这与他懂得把握现在和珍惜时间是分不开的。他曾说过：“把握今日，等于拥有两倍的明日。”

有一次，富兰克林接到一个年轻人关于未来的求教电话，并与这个年轻人约好了见面的时间和地点。当年轻人如约而至时，富兰克林的房门大敞着，而眼前的房子里却乱七八糟、一片狼藉，年轻人很是意外。

没等年轻人开口，富兰克林就招呼道：“你看我这房间，太不整洁了，请你在门外等候一分钟，我收拾一下，你再进来吧。”然后富兰克林就轻轻地关上了房门。

不到一分钟的时间，富兰克

林就又打开了房门，热情地把年轻人让进客厅。这时，年轻人的眼前展现出另一番景象——房间内的一切已变得井然有序，而且还多了两杯倒好的红酒。

年轻人在诧异中还没有来得及把满腹的有关人生和事业的疑难问题向富兰克林讲出来，富兰克林却非常客气地说道："干杯！你可以走了。"手持酒杯的年轻人一下子愣住了，带着一丝尴尬和遗憾说："我还没向您请教呢……"

"这些……难道还不够吗？"富兰克林一边微笑一边扫视着自己的房间说，"你进来又有一分钟了。""一分钟……"年轻人若有所思地说，"我懂了，您让我明白用一分钟的时间可以做许多事情，可以改变许多事情的深刻道理。"

大家都讲要把握现在、珍惜时间，但什么才算真正的"把握现在、珍惜时间"呢？关于这一点，本杰明·富兰克林已经告诉了我们很多。有时候，你会觉得生活很无聊，无事可做，时间太多，那是因为你还没有真正明白时间的价值与意义。这时，你可以去问一个刚刚延误飞机的游客，一分钟代表着什么；你再去问一个刚刚死里逃生的人，一秒钟的价值有多少；最后，你去问一个刚刚与金牌失之交臂的运动员，一毫秒的意义是什么。

时间对我们每个人来说都是很珍贵的，只要你珍惜它，专注于自己想做的事，那你就不会这么无聊，脚下的路就会慢慢明朗起来。所以，还是不要留恋过去、展望未来了，珍惜时间，从现在做起吧。

定律96

卡瑞尔公式：

绝处可逢生

定律阐释

卡瑞尔公式，由威利·卡瑞尔提出，指唯有强迫自己面对最坏的情况，在精神上先接受了它以后，才会使我们处在一个可以集中精力解决问题的地位上。具体地讲，在遇到困难时，首先，问你自己，可能发生的最坏情况是什么；其次，接受这个最坏的情况；最后，镇定地想办法改善最坏的情况。

敢于面对最坏的，便没什么可怕的

威利·卡瑞尔年轻时在纽约水牛钢铁公司担任工程师的职务。有一次，卡瑞尔被公司安排到密苏里州去安装一架瓦斯清洁机。经过一番努力，机器勉强可以使用了，然而与公司保证的质量却相差甚远。为此，他感到十分懊恼，甚至无法入睡。后来，他意识到烦恼不是解决问题的办法，于是想出了一个不用烦恼而且能解决问题的方法，也就是我们今天熟知的卡瑞尔公式。

为什么卡瑞尔的办法这么有实用价值呢？从心理学上讲，它能够帮助人们在绝望中看到希望，使人们的心能够真切地踏实下来。假如内心没有归属感，整天在提心吊胆地悬着，又怎么能把事情做好呢？

应用心理学之父威廉·詹姆斯教授曾说过："能接受既成事实，是克服随之而来的任何不幸的第一步。"林语堂在他那本深受欢迎的《生活的艺术》里也说过同样的话。他说："心理上的平静能顶住最坏的境遇，能让你焕发新的活力。"的确，接受了最坏的结果后，人们就不会再害怕失去什么，也就意味着失去的一切都有希望回来了。

如果每个人都能成为生活中的"卡瑞尔"，那么烦恼忧虑将不再会影响到我们的生活质量。但是，并不是所有的人遇到烦恼时都能像卡瑞尔那样在冷静乐观中寻求解决之法，还是会有许多人不愿意也没有勇气接受最坏的情况。于是，一方面苦苦纠结于烦恼忧虑中，另一方面又想不出解决问题的更好办法。其实，现实生活中，难免会有烦恼忧愁，对于这些，我们选择不了逃避。但是，我们却可以选择面对的态度。学会用卡瑞尔公式消除烦恼，在绝望中找寻希望，或许生活将从此与众不同。

巧借**卡瑞尔公式消除烦恼**

卡瑞尔公式消除烦恼的方法不是一步到位的，而是循序渐进地将问题解决掉。当一步一步地采取相应的措施，人们就会发现：问题的解决并没有想象的那么可怕，都是水到渠成的。具体的实施步骤如下：

第一步，遇事要保持冷静，不要惊慌失措，仔细地回顾并分析整个过程，确定下来如果失败，最坏的结果是什么。

有这样一则小故事：

一天，一个农民的驴子掉到了枯井里。那可怜的驴子在井里凄惨地叫了好几个钟头，农民在井口急得团团转，就是没办法把它救起来。最后，他断然认定：驴子已经老了，这口枯井也该填起来了，不值得花这么大的精力去救驴子。于是，农民把所有邻居都请来帮他填井。大家抓起铁锹，开始往井里填土。驴子很快就意识到发生了什么事，起初，它在井里恐慌地大声哭叫。不一会儿，大家惊讶地发现，它居然安静下来。几锹土过后，农民终于忍不住朝井下看，眼前的情景让他惊呆了。每一铲砸到驴子背上的土，它都做了出人意料的处理：迅速地抖落下来，然后狠狠地用脚踩紧。就这样，没过多久，驴子竟把自己升到了井口，它纵身跳了出来，快步跑开了。只剩下填井的人们在惊愕地相互看着。

其实，当井下的驴子意识到自己有生命危险的时候，它的恐慌是出于本能。在那种情况下，往往就会因精神极度紧张而导致思维混乱、不知所措。只有冷静下来，消除恐惧的心理，才有可能走出束缚它生命的枯井，迎来自己的又一次新生。

第二步，面对可能发生的最坏情况，试着预测自己的心理防线，让自己能够接受这个最坏情况。

有人问一名很成功的推销员有什么秘诀，她说自己接受了一位专业营销训练师的培训。训练师要求推销员在拜访客户前，想象自己正站在即将拜访的客户门外。

训练师："请问，你现在在哪里？"

推销员："我正站在客户家的门外。"

训练师："很好！那么，接下来，你想到哪里去呢？"

推销员："我想进入这位客户的家中。"

训练师："当你进入客户家里后，你想想看，最坏的情形会是怎样？"

推销员："最坏的情形，就是被客户赶出来吧。"

训练师："被赶出来后，你又会站在哪里呢？"

推销员："还是站在客户家的门外啊。"

训练师："那不就是你现在所站的位置吗？最坏的结果，不过是回到原处，又有什么可恐惧的呢？"

在追求成功的道路上，人们经常因为害怕失败而不敢迈出第一步。但当我们做好最坏的打算时，就会无所畏惧，勇往直前。即使真的失败了，也能以一种平和的心态接受它，重新再来。所以，生活幸福的人一定是对生活始终保持乐观的乐天派。

第三步，有了能够接受最坏的情况的思想准备后，就要回归平静的心态，把时间和精力用来改善那种最坏的情况。

一个心理学教授到疯人院参观，了解疯子的生活状态。一天下来，觉得这些人疯疯癫癫，行事出人意料，可算大开眼界。

想不到准备返回时，发现自己的车胎被卸掉了。"一定是哪个疯子干的！"教授这样愤愤地想道，动手拿备用胎准备装上。

事情严重了。卸车胎的人居然将螺丝拿走了。没有螺丝，

备用胎也装不上不去啊！

教授一筹莫展。在他着急万分的时候，一个疯子蹦蹦跳跳地过来了，嘴里唱着不知名的欢乐歌曲。他发现困境中的教授，停下来问发生了什么事。

教授懒得理他，但出于礼貌还是告诉了他。

疯子哈哈大笑说："我有办法！"他从其他每个轮胎上面卸下一个螺丝，这样就拿到三个螺丝，将备胎装了上去。

教授惊奇感激之余，大为好奇："请问你是怎么想到这个办法的？"

疯子嘻嘻哈哈地笑道："我是疯子，可我不是呆子啊！"

教授面对最坏的情况，只是去发怒、发愁；疯子却能够平静地面对困境，并利用当前的条件和资源解决困境。

定律97

右脑幸福定律：

幸福在右脑

定律阐释

右脑幸福定律，由美国心理学家霍华·克莱贝尔提出。他认为，左脑主要以语文、逻辑性思考为主，右脑则主要以影像和心像思考为主；左脑用得多会使人感受轻松愉快的能力下降，不易感到幸福，相反，经常使用右脑则使人幸福。

令人幸福的**神奇右脑**

人的左右两个大脑半球是有严格分工的。左脑是属于逻辑的、理性的、功利的、个人经验的、分析的、计算的大脑，人要生存，就必须利用好左脑。左脑可以使人享受成功，却无法让人享受长久的幸福感。而右脑则是祖先的大脑，它属于灵感的、直觉的、音乐的、艺术的、宗教的等可以产生美感和喜悦感的大脑。

心理学家们根据左右脑分工的不同，并联系到左右脑各自的使用程度与生活幸福感之间的联系，从而提出了右脑幸福定律。该定律的提出者克莱贝尔就曾做过一项调查，发现绝大多数人看待问题和思考生活都是习惯于利用左脑，而对右脑的使用少之又少，这样就造成了左右脑的使用不平衡，不仅会引发失眠、焦虑、抑郁症等心理疾病，而且不易让人感觉到幸福。

那么，为什么生活中绝大多数人都是以左脑为中心来生活呢？这是因为左脑是“竞争脑”“现实脑”。左脑的优势显而易见：它能讲会算，好学上进，因此在人的生活中占据着中心地位。但是以左脑为中心的生活方式却是单色调的，因为左脑考虑的主要是利害得失，因此观察人生和社会的视野就未免有些狭隘。

相对于左脑来说，右脑则是人类遗传信息的巨大宝库，是人类精神生活的深层基础。梦、顿悟、灵感、潜意识等与创造力相关的心理过程，主要是由右脑激发的。但是长期以来，我们大多在使用左脑，右脑更多的时候是被人们忽视的，就如同一个巨大的潜力宝库，等待人们去发掘。

因此，为了使自己生活得更快乐、身心更健康，我们必须训练自己使用右脑的能力。

开发右脑的**四大有效途径**

生活中，我们没有刻意地想要使用左脑或者右脑，之所以使用左脑要多一些，除了因为左脑是“现实脑”之外，还有一点原因，就是左脑很好开发，而右脑很难开发。但是，很难开发不等于说不能开发，近年来，随着科技水平的提高，心理学家们已经提出了一些开发右脑的可行方法。

那么，怎么样才能开发右脑呢？我们可以先从下面几个方面入手：

第一，调动想象力。想象能帮助我们建立信心，还会对行为成败产生巨大影响。如果脑海中浮现出成功的情景，实际成功的概率就会增加。斯坦福大学神经生理学家普利格兰博士将其命名为“正馈”。

例如，可以进行这样的训练：凝视一个橘子，反复观察其形状、颜色，然后抚摩表面，再闻其气味。然后，闭上眼睛，回忆橘子给你留下哪些印象。同时放松，消除其他杂念，想象自己钻进橘子里，里面是什么样子？你感觉到了什么？它的滋味怎样？最后，想象自己从橘子中走了出来，记住刚才在橘子内部看到、尝到、感受到的一切。

第二，尝试发散式思考。发散思维又称求异思维、辐射思维，是指从一个目标出发，沿着各种不同的途径去思考，探求多种答案的思维。若经常训练，将使自己的思维更灵活多变，流畅而富有独特性。

锻炼发散思维的方式很灵活。例如，随手拿张当天的报纸，在一个版面的标题中随意扫一眼，选出一个词，动作要快，不要仔细考虑。共选出三个版面的三个词，然后将三个词联系成一段有意义的句子。比如“平民”“坐落”“希望”，你可以将这三个词连成一个什么句子呢？这种训练方法在熟练之后，可以增加词的数量。

第三，提高集中力。集中力就是将左脑的活动控制在最低程度，将行动完全交付给右脑的一种心理状态。集中力提高时，右脑处于活性化状态，并产生大量 α 脑电波。例如，运动员要比赛时，应该具有高度集中力的能力，而不能想“我输了该怎么办”。在生活中，你面临的任务越难，越需要提高你的集中力。提高集中力的一个有效方法是：准备两个盘子，一个盘子里放有 10 粒黄豆，用筷子将黄豆一粒粒夹进另一个盘子里。此练习可以多人同时进行，可以将每人所用的时间记录下来，也可作为比赛游戏项目。对于个人来说，可以比较自己所用的时间是否缩短。

第四，用音乐对右脑进行训练。找一些能够使自己宁静的

音乐，每天最好都要听一会儿，10 分钟、15 分钟或者半个小时，放在右耳边去听，听的时候暗示自己宁静下来，越轻松越好，什么都不去想。除此之外，每天有意识地进行散步、吟唱、垂钓、放眼夜空等活动，也是帮助我们开发右脑以使自己获得幸福感的一条捷径。

总而言之，只要每个人长期坚持完成适合自己的右脑训练，就能够提升自己的右脑潜能，打开自己的成功天赋。正如心理学家马尔茨所说：“所有人都是为成功降临到这个世界上的，但是有人成功了，有人没有。这只是因为每个人使用自己的大脑的方式不同。”

吸引力法则：

指引丘比特之箭的神奇力量

厚脸皮定律：

孩子也有自己的面子